丛书主编 王国良

防灾减灾／灾后重建与扶贫开发理论方法研究丛书

灾害应对与农村发展

——『灾害风险管理与减贫的理论及实践』国际研讨会论文集

黄承伟 陆汉文 主编

U0208638

华中师范大学出版社

新出图证（鄂）10 号

图书在版编目（CIP）数据

灾害应对与农村发展："灾害风险管理与减贫的理论及实践"国际研讨会论文集/黄承伟，陆汉文主编. —武汉：华中师范大学出版社，2012.3
ISBN 978-7-5622-5387-7

Ⅰ.①灾…　Ⅱ.①黄…②陆…Ⅲ.①自然灾害—风险管理—中国—国际学术会议—文集②扶贫—中国—国际学术会议—文集　Ⅳ.①X432-53②F124.7-53

中国版本图书馆 CIP 数据核字（2012）第 021774 号

灾害应对与农村发展

黄承伟　陆汉义　主编©

作　者：黄承伟　陆汉文	责任编辑：苏　睿
责任校对：罗　艺	封面设计：甘　英　封面制作：胡　灿
编 辑 室：文字编辑室	电　话：027—67863220

出版发行：华中师范大学出版社

社址：湖北省武汉市珞喻路 152 号

电话：027—67863040（发行部）　027—67861321（邮购）

传真：027—67863291

网址：http://www.ccnupress.com　　电子信箱：hscbs@public.wh.hb.cn

印刷：华中科技大学印刷厂　　督印：章光琼

字数：186 千字

开本：710mm×1000mm　1/16　　印张：12.75

版次：2012 年 3 月第 1 版　　印次：2012 年 3 月第 1 次印刷

定价：33.00 元

欢迎上网查询、购书

目 录

灾害风险管理与减贫的理论及实践研究：一个新议题

·· 黄承伟　李海金（1）

特殊类型地区贫困村灾害风险防范与减贫相结合的战略思考

　　——以青海玉树高原地区等为例 ············ 张　琦　王　昊（25）

激情、理想和现实

　　——一个民间组织与农村社区在灾后重建中的关系及其意义

·· 陆汉文　岳要鹏（37）

家庭禀赋对农户灾害风险应对能力的影响分析

　　——基于四川、重庆、贵州三地 39 个少数民族贫困县的调查

·· 庄天慧　张海霞（56）

村庄公共产品供给：增强可行能力达致减贫

　　——以四川省甘孜藏族自治州雅江县西俄洛乡杰珠村为例

·· 李雪萍　龙明阿真（74）

汶川地震灾区四川省贫困村灾后恢复重建与扶贫开发相

　　结合的机制创新与启示 ············ 向兴华　覃志敏（91）

自然资源可持续利用与扶贫发展的环境风险管理策略

　　——以四川省平武县大坪村野生中药材可持续利用为例

·· 邓维杰（104）

灾害风险消减的成本收益分析 ············ Christoph I. Lang（113）

英国国际发展部在灾后重建方面的工作和经验

·· 英国国际发展部（122）

灾害风险管理与减贫：国际经验 ············ Sanny R. Jegillos（124）

后重建时期试点贫困村可持续生计的基础和前景

　　——基于试点贫困村两周年综合评估的分析 ········· 蔡志海（130）

西部贫困地区实施退耕还林还草的意义与效益分析

　　——以甘肃省陇南市为例 ············ 王建兵　田　青（143）

日本灾害管理及其对我国的启示 ············ 程广帅　梁　辉（149）

自然灾害对集中连片特殊困难社区贫困的影响研究

　　——以武陵山区为例 ……………………………… 张大维 （160）

灾害风险管理的范式转换：以减贫视角看待减灾 ……… 吕　方 （173）

地震灾区贫困村民住房重建的非常规行动

　　——以四川马口村为例 …………………………… 陈文超 （184）

后记 ……………………………………………………………… （199）

灾害风险管理与减贫的理论及实践研究：一个新议题

黄承伟　李海金*

【摘　要】　在自然灾害多发的新时期，灾害风险管理和减贫两项实践工作和理论命题显现为一项具有较强创新性和引领性的学术论题。本文试图以现有的研究资源和社会实践为基础，建构一套灾害风险管理与减贫的分析框架，厘清其间的逻辑关系，对当下的灾害风险管理实践作出初步解说，并从国际视角对国内外的灾害风险管理与减贫进行对比分析，以借鉴成功经验。

【关键词】　灾害风险　灾害风险管理　减贫　贫困　脆弱性

当前，伴随着气候变化，全球逐渐进入自然灾害多发期，而且这些灾害的性质、类型和特征也开始发生根本性的变化，其经济、社会危害亦更为显著。最需要引起关注的是，灾害不仅表现为一种实在的形态或有形的事实，而且越来越凸显为一种潜在的风险状态，从而引发以风险预料不及、绵延不绝为基本表征的高风险社会的全新登场。同时，从实践状况来看，灾害及其风险又以贫困地区和贫困人群为关键存在场域。在上述背景下，灾害风险管理和减贫两项实践工作和理论命题就显现为一项具有较强创新性和引领性的学术论题。基于此，笔者试图以现有的研究资源和社会实践为基础，建构一套灾害风险管理与减贫的分析框架，厘清其间的逻辑关系，对当下的灾害风险管理实践作出初步解说，并从国际视角对国内外的灾害风险管理与减贫进行对比分析，以借鉴成功经验。

---

* 黄承伟，全国贫困地区干部培训中心主任、博士、研究员；李海金，华中师范大学中国农村研究院减贫与乡村治理研究中心副教授、中国国际扶贫中心客座研究员。

一、研究背景与问题提出

本项研究主要基于以下四项背景：一是灾害及其风险现状；二是灾害的后果；三是灾害与贫困的关系；四是灾害风险管理与减贫的关系。

其一，全球进入自然灾害多发期。进入 21 世纪以来，尤其是近几年来，世界各地自然灾害频频发生，多种迹象表明全球已经进入自然灾害多发时期。人类社会面临的潜在环境风险越来越严重，各种新型灾害不断出现，灾害损失日益增加，这些都严重威胁着世界上的每一个国家和地区，尤其是气候变化引发的几乎无法预料的灾害，使人类本已十分脆弱的生存处境变得更加严峻。灾害问题已经成为当今全球性的重大问题，引起了世界各国的广泛关注。

其二，灾害导致了巨大而深远的经济、社会损失。自然灾害的频发，不仅严重危害人们的生命健康，破坏人们的生产生活秩序，毁坏现有的资源与环境，而且影响社会发展进程，甚至导致文明的毁灭。由于地形地貌的复杂多样，中国一直是一个自然灾害频发的国家，灾害种类多、频度大、分布广、损失严重①，尤其是近几年的地震灾害以及相应的次生灾害，具有突发性、广泛性和强破坏性等特点，给人们带来了大量的财产损失和人员伤亡，并给经济、社会发展带来了巨大的损失，尤其是对贫困地区的脱贫和可持续发展影响深远。

其三，灾害与贫困高度关联。从中国近年来几起重大自然灾害的发生成因及应对方案来看，灾害与贫困在实践活动和政策框架两个层面显现出高度的关联性。首先，灾害的巨大破坏性使灾区和灾民步入贫困状态或走向贫困的边缘，或加重了地处贫困地区的灾民的贫困程度，所谓"因灾致贫"、"因灾返贫"，灾害成为一种重要的新型致贫因素之一。灾害过后，发达地区经济、社会恢复到正常状态相对容易，而贫困地区则很难恢复到以前的生活状态，并在很大程度上破坏了已有的减贫成果，减缓了脱贫的进程。其次，贫困与灾害在分布区域上具有高度的重合性，灾害高发地区往往是自然环境恶劣的贫困地区，贫困进一步加重了灾区与灾民的脆弱性与受灾程度，降低了其灾害应对能力。最后，也是最关键的是，在新的历史背景下，灾害不仅具有自然属性，也具有明显的社会属性，它是自然因素与人为因素共同作用的结果，比如因人类对

---

① 邓拓：《中国救荒史》，北京出版社，1998 年版。

自然的过度开发利用所导致的生态环境问题。

其四，灾害风险管理与减贫密不可分，相辅相成。灾害风险给减贫工作带来了挑战，也唤起了人们从灾害风险管理的角度来重新认识减贫的意识。科学有效的灾害风险管理有助于降低、缓解贫困成本，提高减贫效果，巩固减贫成果，而卓有成效的减贫工作同样可以达到防灾、减灾的效果。从国内外的研究现状来看，对灾害风险管理与减贫展开研究，都有利于建立新型应对灾害的战略和政策，不断创新应对灾害的体制和机制，构建综合性更强、效度更高的灾害风险管理理论和措施，进而为减贫研究提供开拓性的理论视野和方法、技术。因此，重新审视中国农村贫困地区的灾害问题，探讨适合农村贫困地区的灾害风险应对机制，把灾害风险管理真正纳入新阶段减贫战略，将是灾害多发的贫困地区从根本上脱贫致富的有效路径。

灾害风险管理与减贫理论及实践研究是一个全新的、很有潜力的研究领域，它不仅具有深厚的理论价值以及重要的实践和政策意义，而且还具有较大的国际交流意义。

首先，作为一个新的研究论题，灾害风险管理与减贫理论及实践研究体现了很强的理论需要和理论价值。文献综述表明，在灾害风险管理或者减贫方面的单项研究成果较为丰富，但是将灾害风险管理与减贫联结起来开展综合研究却相当稀缺。亟需对这个新命题开展理论上的梳理和解释，结合当前的减灾和减贫实践进行理论提升，为全球减灾和减贫理论创新作出贡献。同时，理论必须也必然以实践和政策为目标与导向，该项研究可为灾害风险管理与减贫相结合的实践和政策提供基础性理论支撑。在风险社会背景下，贫困地区作为高灾害风险、环境脆弱、贫困面广、贫困程度深等多因素叠加地区，其灾害风险管理与减贫方面尤其需要新的发展理论的支持。

其次，灾害风险管理与减贫理论及实践研究为灾害风险管理和减贫工作提供了更有前瞻性、针对性和有效性的应对策略和路径。从自然灾害的区域分布上看，自然灾害大多发生在生态脆弱、经济脆弱和社会脆弱高度叠加与累积的贫困地区，这极大地加重了贫困的深度和广度，也给减贫工作提出了更为严峻的挑战。未来十年中国扶贫开发的工作重点地区是灾害频发、脆弱性高的集中连片的特殊困难地区。要提高这些地区的扶贫开发成效，就必须创新工作机制，将灾害风险管理与扶贫开发结合起来，在有效应对灾害、有序管理灾害风险的同时达致有力减贫的目标，实现双赢的局面。同时，灾害风险管理的理念和做法与中央提出的包容性增长和转变经济发展方式是一致的，也为后者的实践运作提供了较好的实现路径和机制。

再次，灾害风险管理与减贫理论及实践研究为减贫政策的制定和调整奠定了坚实的基础。一方面，新十年扶贫开发纲要在内容设计上必然包含防灾减灾、灾害风险管理与扶贫开发相结合，在关照区域上也会以生态脆弱、灾害风险和贫困高度叠加的集中连片的特殊贫困地区为重点，这自然需要从宏观理论层面对这项政策规划给予精当准确的战略定位和技术支持。另一方面，未来十年扶贫政策会根据实际情况进行调整，在政策调整过程中，一些前瞻性问题或创新性领域譬如灾害风险管理，一般较难在较短时间内让各个相关的政府部门和工作机构之间达成共识，这就需要从研究层面为政策沟通提供相应的支撑和依据。

最后，灾害风险管理与减贫理论及实践研究为国际交流与合作搭建了有利的平台。本项研究将面向国际社会，借鉴国际经验，实现国内经验的国际化，开展国际交流与合作。主要包括：获取并利用国际学术资源，提升中国灾害风险管理与减贫理论的研究水平；借鉴国际经验，推进中国灾害风险管理与减贫相结合的实践进程，提高其运转绩效；提炼中国灾害风险管理与减贫相结合方面的可供国际交流的做法和经验；开展灾害风险管理与减贫方面的国际性实地考察、学习培训与学术合作。从中国主位角度看，本项研究也是丰富中国履行国际责任、树立大国形象、提升软实力内容的需要。国际社会和广大发展中国家对中国的减贫成就一致高度评价，对学习借鉴中国减贫经验愿望强烈，这为扶贫领域配合国家外交战略，加大减贫与发展经验的输出力度，具有重要的现实和战略意义。

在上述研究背景和研究意义的导向下，本项研究的基本问题意识在于：灾害、灾害风险与贫困以及灾害风险管理与减贫在何种程度上，在哪些方面，以什么样的方式结合在一起。因此，作为一个研究前提，本项研究必须厘清灾害、灾害风险与贫困以及灾害风险管理与减贫之间的理论和现实关联，明确它们的相关程度、方式、机制、内容及类型。而在研究的具体展开过程中，必须一以贯之地将灾害、灾害风险与贫困以及灾害风险管理与减贫作为研究的主线，并关注实践的运行层面、政策的操作层面与理论的建构层面三个向度的多维层面。在研究定位上，灾害风险管理与减贫应在实践、政策和理论三个层面开展开拓性的工作，并进一步理清相关的核心论题。在实践层面，灾害频发地区与贫困地区之间的高度重合现象在工作实践和管理实践中的着力点及其运作过程和运转机制等现实性问题，应引起我们的关注。在政策层面，受灾群体基于自身经济条件、发展机遇及脆弱性程度的差异对政策的认知、接收和需求都存在着较为显著的差异，其政策影响和含义需要作出探讨。在理论层面，灾害与贫困、灾害风险管理与减贫之间到底存在何种相关性，以及相关性的现实表现、实现机制和理论意涵等都需要在学术研究上作出解答。在研究对象的选取上，至少应考察不同的贫困地区、不同的贫困类型、不同的灾害风险级别、灾害发生的不同阶段等因素。

二、核心概念

(一)贫困与减贫

贫困和减贫是贫困和反贫困研究最基础、最核心的概念，也是最具争议的概念。正如奥本海默所指出的，"贫困本是一个模糊概念，它不具备确定性，并随着时间和空间以及人们思想观念的变化而变化"[1]。笔者并不想也没有必要对贫困的概念进行系统、全面的梳理，而只是根据本文的研究需要对其作出选择性分析，着眼于本研究的问题意识寻求其某些侧面或关键要素。从贫困概念自身的演变来看，它经历了显著性的变化，即从关注单一、表层的收入和消费因素的收入贫困，到关注健康、教育等社会因素的能力贫困，再到关注脆弱性、社会排斥、被剥夺性、权利等政治、心理、文化因素的权利贫困或人类贫困。与此相应的，对贫困的认知和理解也从绝对贫困转向相对贫困，从短期贫困(或暂时性贫困)转向长期贫困(或持久性贫困)[2]。在这些背景下，理论界和实务界越来越从多维角度、多个层面对贫困及其相关论题进行分析，以至于发展出"多维贫困"概念和分析范式。知识贫困、信息贫困乃至生态贫困也逐渐进入人们的视野[3]。联合国开发计划署(UNDP)在《1997年人类发展报告》中指出，贫困不仅仅是缺乏收入的问题，更是一种对

---

① Oppenheim C：*Poverty：The Facts*．London，Child Poverty Action Group，1993．

② 郭熙保、罗知：《论贫困概念的演进》，《江西社会科学》，2005 年第 11 期；高云虹、张建华：《贫困概念的演进》，《改革》，2006 年第 6 期。

③ 陈立中：《转型时期我国多维度贫困测算及其分解》，《经济评论》，2008 年第 5 期；尚卫平、姚智谋：《多维贫困测度方法研究》，《财经研究》，2005 年第 12 期；王小林、Sabina Alkire：《中国多维贫困测量：估计和政策含义》，《中国农村经济》，2009 年第 12 期；胡鞍钢、童旭光：《中国减贫理论与实践——青海视角》，《清华大学学报》(哲学社会科学版)，2010 年第 4 期；胡鞍钢、李春波：《新世纪的新贫困：知识贫困》，《中国社会科学》，2001 年第 3 期。

人类发展的权利、长寿、知识、尊严和体面生活标准等多方面的剥夺，并采用了人类发展指数、人类贫困指数等测度方法。世界银行《2000/2001年世界发展报告》认为，贫困不仅包括物质上的匮乏，也包括低水平的健康和教育，还包括风险和面临风险的脆弱性，以及不能表达自身的要求和缺乏影响力。贫困的多元化和多维性，对减贫战略及其政策工具的选择具有决定性影响。

减贫是从政策和行动层面来对贫困进行认知的。国内较为通用的概念是扶贫或反贫困，更多地侧重从政策乃至政府工作的角度看待贫困。减贫概念在国际学术界和实务界得到更为普遍的采用，也更加严谨和中性，在主体要素上更加宽泛，不仅包括政府机构，也包括社会组织、企业组织和个人。简而言之，减贫是指减少贫困或缓解贫困，即借助一定的政策工具在贫困的区域范围、人口规模、程度和深度等方面有所减少或缓解的行动和状态。其主要评估指标有贫困人口数量、贫困发生率。

(二)灾害、灾害风险与灾害风险管理

一般而言，灾害是指给人类和人类赖以生存的环境造成破坏性影响的事物的总称。灾害的类型较多，如地震、火山喷发、风灾、火灾、水灾、旱灾、雹灾、雪灾、泥石流、疫病等，依据起因可分为人为灾害和自然灾害，依据发生区位及机理可分为地质灾害、天气灾害和环境灾害、生化灾害和海洋灾害等。根据研究需要，本文着重关注自然灾害，即自然环境中对人类生命安全和财产构成危害的自然变异和极端事件。从实际表现看，既有地震、火山爆发、泥石流、海啸、台风、洪水等突发性灾害，也有地面沉降、土地沙漠化、干旱、海岸线变化等渐变性灾害，还有臭氧层变化、水体污染、水土流失、酸雨等人类活动导致的环境灾害①。在以《国家突发公共事件应急预案》和《突发事件应对法》为政策文本的中国灾害应对制度体系中，"灾害"被表述为"突发事件"，并将之划分为包容性很强的四种类型，即自然灾害、事故灾难、公共卫生事件和社会安全事件。自然灾害对人类的生产生活和经济、社会发展的影响是显而易见的，也是显著而深远的，如何科学认识自然灾害并有效预防和应对自然灾害进而达致人口与环境良性互动的可持续发展，越来越凸显为社会科学界的理论命题。

---

① 全国科学技术名词审定委员会：《地理学名词2006(第二版)》，科学出版社，2007年版。

一般意义上的灾害是某种实实在在的现象或事件，往往对一定人群的生命财产、生产活动、生活秩序等造成切切实实的破坏。但是在当下社会，灾害日益显现为一种潜在的风险状态，灾害并不必然发生，但时时处于难以预料又始料不及的状态，具有极度的不稳定性。国内外学术界尤其是灾害学对灾害风险已展开了较多的研究，对这一概念的界定形成了三个关键要素，即发生概率、致灾因子和脆弱性，并可归纳出三个层面，即从风险自身角度将灾害风险界定为一定概率条件的损失、从致灾因子角度将灾害风险界定为致灾因子出现的概率、从灾害系统理论角度重视人类社会经济自身的脆弱性和人类自身活动对灾害的"放大"或"减缓"作用并将灾害风险界定为致灾因子和脆弱性的结合。在上述学术脉络下，可以将灾害风险界定为"由于各种致灾因子和人类系统自身脆弱性共同作用所导致损失和破坏的可能性"[1]。

灾害风险管理概念的提出主要是对重灾后恢复重建、轻灾前预防的应急管理和重结果、轻过程的危机管理的反思，试图构建一套全方位、可持续、多主体、纵横交错的管理体系。援引国内外灾害管理研究资源并结合实践进展，笔者采纳逻辑完备、体系合理、运转良好的综合灾害风险管理(integrated disaster risk management)概念、理论和方法。基于此，将灾害风险管理界定为人们对可能遇到的各种灾害风险进行识别、估计和评价，并在此基础上综合利用法律、行政、经济、技术、教育与工程手段，通过整合的组织和社会协作，通过全过程的灾害管理，提升政府和社会灾害管理和防灾减灾的能力，以有效预防、回应、减轻各种自然灾害，从而保障公共利益以及人民的生命、财产安全，实现社会的正常运转和可持续发展[2]。这一概念包括四个方面的具体含义：一是全灾害的管理(all types of natural disaster management)。基于灾害之间的关联性、连带性以及相互转化的可能性，灾害管理要从单一灾害处理的方式转化为全灾害管理的方式，即制定统一的战略、统一的政策、统一的灾害管理计划、统一的组织安排、统一的资源支持系统等。

---

[1] 殷杰、尹占娥、许世远、陈振楼、王军：《灾害风险理论与风险管理方法研究》，《灾害学》，2009年第2期。

[2] 张继权、冈田宪夫、多多纳裕一：《综合自然灾害风险管理——全面整合的模式与中国的战略选择》，《自然灾害学报》，2006年第1期。

二是全过程的灾害管理(all phases of natural disaster management)。综合灾害风险管理贯穿灾害发生发展的全过程，包括灾害发生前的日常风险管理、灾害发生过程中的应急风险管理和灾害发生后恢复重建过程中的危机风险管理，灾害风险管理是一个整体、动态、复合的过程，主要包括疏缓(防灾/减灾)、准备、回应(应急和救助)和恢复重建四个阶段。三是整合的灾害管理(integrated natural disaster management)。通过激发政府、公民社会、企业、国际社会和国际组织等不同利益主体在灾害管理中的组织整合、信息整合和资源整合，以形成统一领导、分工协作、利益共享、责任共担的机制，确保公众共同参与、不同利益主体行动的整合和有限资源的合理利用。四是全面风险的灾害管理(total risk management of natural disaster)。其策略是将风险管理与政府政策管理、计划和项目管理、资源管理等政府公共管理有机整合，内容有建立风险管理的能动环境、确认主要的风险、分析和评价风险、确认风险管理的能力和资源、发展有效的方法以降低风险、设计和建立有效的管理制度进行风险的管理和控制①。

(三)脆弱性

脆弱性本身是生态学的一个概念，后来被引入社会科学，主要用于分析弱势群体的特殊性境况。在贫困研究领域，世界银行对此的界定具有较强的代表性，认为脆弱性是指个人或家庭面临某些风险的可能，以及由于遭遇风险而财富损失或生活质量下降到某一社会公认水平之下的可能。这一定义包含两个层面：一是遭受冲击的可能性和程度；二是抵御冲击的能力②。与此相似的，Chambers 指出，脆弱性"有两个方面，即暴露于冲击、压力和风险之中的外在方面和孤立无助的内在方面，这两个方面都意味着缺少应付破坏性损失的手段"③。Dercon 则建构了一

① Okada N. &Amendola, *A Research Challenges for Integrated Disaster Risk Management*. Presentation to the First Annual IIASA-DPRIM Meeting on Integrated Disaster Risk Management：Reducing Socio-Economic Vulnerability，at IIASA，Laxenburg，Austria (Aug 1-4, 2001), 2001；Okada N, *Urban Diagnosis and Integrated Disaster Risk Management*. Proceedings of the China-Japan EQTAP Symposium on Police and Methodology for Urban Earthquake Disaster Management. November 2003，Xianmen，China. pp. 9-10.

② 韩峥：《脆弱性与农村贫困》，《农业经济问题》，2004 年第 10 期。

③ Chambers. Robert, *Poverty and Livelihoods：Whose Reality Counts*? Environment and Urbanization 7, 1995(4).

个风险与脆弱性分析框架，将农户的各类资源、收入、消费以及相应的制度安排(市场机制、公共政策等)纳入到一个体系之中。在这一框架中，农户的风险来源主要有三项：资产风险(人力资产、土地资产、物质资产、金融资产、公共物品、社会资产)；收入风险(创收活动、资产回报、资产处置、储蓄投资、转移汇款、经济机会)；福利风险(营养、健康、教育、社会排斥、能力剥夺)①。

三、文献述评

一般而言，社会科学研究的方向、主题和内容与社会现实及其变化有着较高程度的关联。灾害风险管理与减贫研究也不例外，气候变化、灾害频发、损失巨大、风险凸显、贫困伴生，诸如此类的现象逐渐将学术界的研究视野投射到与灾害风险管理与减贫相关的实践工作和理论命题。

(一)灾害、灾害风险与贫困以及灾害风险管理与减贫的关系

灾害、灾害风险与贫困以及灾害风险管理与减贫之间的相关性是本研究议题的基本问题指向，也具有基础性价值。厘清这两对关系模型之间的相关程度、方式、内容和机制，并呈现它们在实践中的运行层面、政策的操作层面与理论的建构层面上的多维层面，就凸显为本项研究的前提和起点。张晓②以若干典型地区为例描述了水旱灾害与农村贫困的一般性关系，同时以统计数据为基础建立了水旱灾害与农村贫困数量关系的经济模型。王国敏③阐述了自然灾害与农村贫困四个方面的正相关关系：自然灾害导致农村贫困率上升；自然灾害加剧农村返贫；自然灾害造成农村贫困地区基本建设落后；自然灾害制约农村经济发展。丁文广、胡莉莉、王秀娟④通过对甘肃省87县和43个国家级贫困县的自然灾害和农民纯收入数据进行量化分析，发现自然灾害与贫困呈现出高度的相关性，而这种相关性在生态环境脆弱、自然条件恶劣、自然资源贫

① 陈传波：《农户风险与脆弱性：一个分析框架及贫困地区的经验》，《农业经验问题》，2005年第8期。

② 张晓：《水旱灾害与中国农村贫困》，《中国农村经济》，1999年第11期。

③ 王国敏：《农业自然灾害与农村贫困问题研究》，《经济学家》，2005年第3期。

④ 丁文广、胡莉莉、王秀娟：《甘肃省自然社会环境与贫困危机研究》，《环境与可持续发展》，2008年第3期。

乏、经济文化落后的贫困地区更为显著。徐伟[1]也分析了灾害对贫困的负面影响，不过亦从实际工作层面指出防灾减灾和灾后恢复重建为扶贫开发提供了更有利的契机。另外，关于灾害与贫困的区域分布逐渐引起知识界的关注，李小云、唐丽霞、陈冲影[2]以汶川地震灾区为例证，发现了自然灾害频发区与贫困高发区的重合现象。李海金[3]和黄承伟[4]同样也指出了自然灾害与贫困之间在区域分布上的高度重合性。

灾害、灾害风险与贫困以及灾害风险管理与减贫三对关系的落脚点是灾害风险管理与减贫的结合框架，该框架在学理和政策层面集中体现于结合战略、机制和策略上。张琦[5]与王昊[6]通过对汶川地震灾后贫困村恢复重建和以青海玉树高原地区为代表的特殊类型贫困地区防灾减灾实践进行案例分析，解析了灾害风险管理与减贫结合的战略体系、机制架构和具体策略，从而为相关的政策和实践工作提供了建设性的方向和思路。

(二)灾害对贫困的影响或灾害的致贫效应

灾害对贫困的影响或灾害的致贫效应是灾害风险管理与减贫的理论及实践研究最基本，也是最突出的问题意识，这也是从灾害及其后果逻辑推导最直接的学术论题。李小云、赵旭东[7]对灾后重建的社会评估建构了一套框架和方法，重点关注灾后社会组织系统运行状况评估、家庭及其社会支持系统损失状况评估、农户生计系统评估、社会公共服务评估、社会性别影响评估、食物安全系统影响评估、社会心理与社会安全

---

① 徐伟：《汶川地震对贫困的影响及其对灾害应急体系的启示》，黄承伟、陆汉文主编：《汶川地震灾后贫困村重建：进程与挑战》，社会科学文献出版社，2011年版。

② 李小云、唐丽霞、陈冲影：《中国的自然灾害与贫困》，吴忠主编：《粮价上涨、自然灾害与减贫——第二届中国—东盟社会发展与减贫论坛资料汇编》，中国财政经济出版社，2009年版。

③ 黄承伟、李海金：《灾害风险管理与减贫理论方法的初步研究框架》，《中国扶贫》，2010年第21期。

④ 黄承伟：《开展"灾害风险管理与减贫的理论及实践研究"的理论分析框架》，《中国扶贫》，2010年第23期。

⑤ 张琦：《中国防灾减灾与扶贫开发相结合的机制分析——以汶川灾后贫困村恢复重建为例》，黄承伟、陆汉文主编：《汶川地震灾后贫困村重建：进程与挑战》，社会科学文献出版社，2011年版。

⑥ 参见本文集中张琦、王昊著《特殊类型地区贫困村灾害风险防范与减贫相结合的战略思考——以青海玉树高原地区等为例》一文。

⑦ 李小云、赵旭东：《灾后社会评估：框架方法》，社会科学文献出版社，2008年版。

评估等，这为贫困地区和贫困人口的灾后评估也提供了参照性指南。李小云、唐丽霞、陈冲影[①]以文献数据和实地调研资料为基础，以汶川地震灾区为考察对象，着重分析了地震灾害对农户的物质资本、人力资本、金融资本、自然资本、社会资本的破坏。黄承伟[②]从历史和现实两个维度，以脆弱性为分析视角，构建了灾害对贫困影响的分析框架，并运用这一分析框架实证考察了汶川地震对贫困的影响。汶川地震发生后，为指导、规划灾后救援和恢复重建工作，负责全国扶贫开发工作的政策、规划和组织实施的国务院扶贫办编辑出版了一套防灾减灾、灾后重建与扶贫开发培训丛书，其中，《灾害对贫困影响评估指南》概要性地勾勒了灾害对贫困影响的评估背景、目标、原则、步骤、内容、指标、方法和工具，为探讨灾害的致贫效应提供了一个框架[③]。胡家琪、明亮[④]通过问卷调查实证研究了水灾对贫困户和非贫困户人力资本、自然资本、物质资本、金融资本、社会资本的不同影响，以及水灾影响下不同农户收入结构的变化。胡家琪[⑤]运用脆弱性的相关理论对旱灾的贫困效应进行了实证考察，发现不同农户应对旱灾的生计策略具有显著差异。庄天慧、张海霞、杨锦秀[⑥]利用 67 个少数民族村的调研数据，从四个层面分析了自然灾害对少数民族地区农村贫困的影响，并提出了四条扶贫应对政策。张国培、庄天慧、张海霞[⑦]以云南禄劝县旱灾为个

① 李小云、唐丽霞、陈冲影：《中国的自然灾害与贫困》，吴忠主编：《粮价上涨、自然灾害与减贫——第二届中国—东盟社会发展与减贫论坛资料汇编》，中国财政经济出版社，2009 年版。

② 黄承伟：《中国汶川地震灾后贫困村恢复重建规划设计与实施展望》，吴忠主编：《粮价上涨、自然灾害与减贫——第二届中国—东盟社会发展与减贫论坛资料汇编》，中国财政经济出版社，2009 年版；黄承伟：《开展"灾害风险管理与减贫的理论及实践研究"的理论分析框架》，《中国扶贫》，2010 年第 23 期。

③ 国务院扶贫办贫困村灾后恢复重建工作办公室编：《灾害对贫困影响评估指南》，中国财政经济出版社，2010 年版。

④ 胡家琪、明亮：《基于自然灾害的农村贫困效应研究——以广西西南 TL 村的水灾调查为例》，《安徽农业科学》，2009 年第 28 期。

⑤ 胡家琪：《论自然灾害在西部欠发达地区的贫困效应——以甘肃省 TP 村的旱灾为例》，《农业考古》，2010 年第 3 期。

⑥ 庄天慧、张海霞、杨锦秀：《自然灾害对西南少数民族地区农村贫困的影响研究——基于 21 个国家级民族贫困县 67 个村的分析》，《农村经济》，2010 年第 7 期。

⑦ 张国培、庄天慧、张海霞：《自然灾害对农户贫困脆弱性影响研究——以云南禄劝县旱灾为例》，《江西农业大学学报》（社会科学版），2010 年第 3 期。

案，利用相关文献数据对旱灾影响下农户贫困脆弱性进行了因子分析，旱灾是引发农户致贫、返贫的主要因素。徐伟[1]立足于政府统计数据，对比分析了汶川地震灾区灾前与灾后贫困状况的差异，描述了汶川地震对贫困县、贫困村和贫困人口的影响。李小云、唐丽霞、陈冲影[2]从农户应对灾害的角度，深入而细致地考察了不同的自然灾害对不同经济水平的农户在影响程度、应对机制和生计结果等层面的差异，这就在灾害的致贫效应与受灾农户的经济水平之间搭建起一条关联图式，有利于提升灾害应对政策的针对性和有效性。孙梦洁[3]使用 FGT 贫困度量指数测算了汶川地震对灾区农村贫困规模和程度的影响，发现汶川地震使得灾区贫困规模和程度大幅增加，而灾后补贴政策使近四分之一的农户家庭暂时脱离了绝对贫困。

（三）应对灾害风险的减贫策略与措施

张晓[4]立足于水、旱灾害与农村贫困的关系模型，从资金保障、技术保障和制度保障等多维度探讨了减灾扶贫的外部因素和应对措施。王国敏[5]从农业自然灾害与农村贫困相关性的角度，提出了"四个结合"的农村扶贫新思路，即减灾与扶贫相结合、国家财政投入与农业保险相结合、"教育扶贫"与"移民扶贫"相结合、脱贫与巩固温饱相结合。李小云、唐丽霞、陈冲影[6]将中国应对自然灾害的机制归纳为灾前防御机制、灾后紧急应急机制和灾后恢复重建机制三个层面，并对这三项应对机制的内容或措施、现状、负责机构或个人、步骤等进行了具体分析。徐伟[7]从政府工作层面描述了汶川地震应急救助和恢复重建中对贫困人

---

[1] 徐伟：《汶川地震对贫困的影响及其对灾害应急体系的启示》，黄承伟、陆汉文主编：《汶川地震灾后贫困村重建：进程与挑战》，社会科学文献出版社，2011年版。

[2] 李小云、唐丽霞、陈冲影：《中国的自然灾害与贫困》，吴忠主编：《粮价上涨、自然灾害与减贫——第二届中国—东盟社会发展与减贫论坛资料汇编》，中国财政经济出版社，2009年版。

[3] 孙梦洁：《自然灾害对灾区农村贫困的影响研究——以汶川地震为例》，中国农业大学2011年博士学位论文。

[4] 张晓：《水旱灾害与中国农村贫困》，《中国农村经济》，1999年第11期。

[5] 王国敏：《农业自然灾害与农村贫困问题研究》，《经济学家》，2005年第3期。

[6] 李小云、唐丽霞、陈冲影：《中国的自然灾害与贫困》，吴忠主编：《粮价上涨、自然灾害与减贫——第二届中国—东盟社会发展与减贫论坛资料汇编》，中国财政经济出版社，2009年版。

[7] 徐伟：《汶川地震对贫困的影响及其对灾害应急体系的启示》，黄承伟、陆汉文主编：《汶川地震灾后贫困村重建：进程与挑战》，社会科学文献出版社，2011年版。

口的关注及对致贫或返贫的缓解作用。孙梦洁①针对各类受灾农户不同的经济社会特性，提出了差异性、有针对性的政策建议，对自我发展能力较差的贫困农户出台相应的倾斜政策，对自然资源优势或劳动力资源优势明显的贫困地区农户引进企业采用产业扶贫方式，对农户开展有针对性的建筑技能培训、种植养殖业技能培训等。

(四)已有研究的贡献与不足

通过对已有研究的文献进行评述发现，其主要贡献和特点在于：(1)现实性强，有力关照了社会现实。近几年灾害风险管理研究逐渐显现为一大学术热点，很大程度上源于中国灾害频发、后果严重的现实及其对学术研究的内在需要，而灾害发生区域与贫困分布区域的重合又使得灾害风险管理研究顺理成章地与贫困研究实现了有效的对接，这就从研究缘起上导致了灾害风险管理与减贫研究明确的问题意识，从而切中了社会现实的要害，实现了社会实践与学术研究的有机衔接。(2)实证方法突出。鉴于研究缘起上的强烈现实性，灾害风险管理与减贫研究在研究方法上特色也很鲜明，实证方法得到了较多的运用，对近年的地震灾害、旱灾、水灾尤其是重大的自然灾害进行了详细的案例分析，对现实需要和政策需求作出了较积极的回应，形成了较好的研究效果。(3)政策分析凸显。与上述两项特点相应的，以实践为基础的政策分析是主要的研究类型，这种研究以问题和对策为导向，以政策的及时性、有效性、针对性、科学性、适当性、益贫性等评估为基本内容，以政策框架重构和政策建议提出为基本方向，从而有效发挥了智囊库的作用，为灾害风险管理与减贫政策体系的完善作出了应有的贡献。

已有研究尚存在以下不足：(1)实证方法的严谨性有待提升。已有研究在实证资料(如二手统计资料、问卷调查资料、实地访谈资料、政策文本)的处理与分析上还难以在不同性质、类型资料之间的支撑和印证等方面取得良好效果，在实证分析与理论观点的推导、政策建议的提出上难以实现有机衔接与匹配。(2)政策分析与理论研究结合上有待提高。灾害风险管理研究和贫困/减贫研究都有自身的理论脉络，其魅力在于解释社会现象或问题背后的隐秘机制与内在逻辑，以政策为关照的理论研究往往也能更深入、有效地探察到政策体系及其运行过程的微妙

---

① 孙梦洁：《自然灾害对灾区农村贫困的影响研究——以汶川地震为例》，中国农业大学 2011 年博士学位论文。

机制与后果。政策分析与理论研究的有机结合对双方而言都是相互促进的，但如果只是表面的结合或者结合不够密切，对双方可能又都是一种极大的损害。已有研究并不完全是自然而然发展阶段的呈现，与灾害本身一样带有一定的偶然性和突发性，因此面临着较严重的理论资源欠缺的状况，导致政策分析的理论方法根基不够稳固，政策工具的可行性和适用性难以获得有力支持，以及理论研究的政策意图太过明显而在现实的解释力和逻辑的严谨性上面临被质疑的风险。(3)研究框架的系统性和逻辑性有待优化。灾害风险管理与减贫研究是一项系统性、逻辑性很强的学术论题，涉及动因、表现、后果、应对等多重环节，各个环节之间也具有明显的连带性。已有研究在研究框架的建立上一般系统性不够，往往侧重于个别环节，这种研究策略难以揭示每个环节深层次的运行机理和环境。

四、分析框架的建构及其逻辑

在对已有研究资源进行批判性反思的基础上，笔者建构了一套灾害风险管理与减贫理论及实践研究的分析框架，为本研究提供一个扎实的研究基点。该分析框架重点关注两个问题：一是勾画本项研究的概念和主题之间的逻辑关系；二是勾勒本项研究的基本思路和技术路线。其目标是在理论的解释力、现实的说服力和政策的预判力三个层面保持适当的平衡与张力。

该分析框架主要包括四个部分：

1. 动因。从灾害、灾害风险、贫困三个概念和"灾害—贫困"、"灾害风险—贫困"两对关系出发，从理论和现实层面阐述灾害风险管理与减贫理论及实践研究的动因和背景。而且，这两对关系模型是双向的，不仅灾害和灾害风险会导致贫困或使受灾人口随时面临坠入贫困的可能，而且贫困人口在脱贫致富过程中也会由于其他替代性资源的缺乏而采用非可持续的发展模式，从而导致对自然资源的过度开发和自然环境的巨大破坏，增加灾害发生频次及其可能性。

2. 表现。"灾害—贫困"、"灾害风险—贫困"两对关系存在三个方面的具体表现：一是灾害成为一项重要的新型致贫因素之一，所谓"因灾致贫"、"因灾返贫"，而且同等程度的灾害对贫困地区与发达地区的影响具有显著性差异；二是灾害与贫困在分布区域上的重合性，灾害多发地区与贫困人口集中地区具有高度的区域重合性；三是灾害兼具自然属性和社会属性并且社会属性凸显，从而与区域条件和人的主体性联系密切，这就使得贫困地区和人口的弱势化与脆弱性在灾害管理中暴露明显。

3. 后果。灾害、灾害风险与贫困密切关联的后果是贫困人口的脆弱性，而且这种脆弱性是生态脆弱、经济脆弱和社会脆弱的高度叠加与累积。生态脆弱是指贫困人口往往生活在自然环境恶劣、自然灾害频发的生态脆弱区，而且在生态保护与生态破坏之间难以保持适当的平衡。经济脆弱是指贫困人口在收入与消费水平、经济发展资源与条件、市场分享与参与度等方面的低下、弱势与不足。社会脆弱是指贫困人口在社会资本、话语权、社会参与、社会排斥等方面的制度性或机制性弱势。在上述多重脆弱的叠加与累积背景下，当贫困人口遭受灾害打击时，在不同的时段都面临相当不利的境况。在灾害发生前，贫困人口在生产生活的诸多方面都表现出防灾、减灾能力低的特征；在灾害发生时，贫困人口的受灾程度重，出现"仅有的资产或生产剩余被剥夺的风险"的局面；在灾害发生后，贫困人口的恢复重建难度大，在缺乏外部的强力支持下难以短时间内恢复到灾前，脱贫致富的愿望就更为遥远了。

4. 应对。主要包括三个层面：一是短期措施，包括以降低贫困人口的脆弱性为目标的防灾、减灾知识普及与培训演练、以贫困地区和人口为关照的灾中救援、应急管理和社会救助、灾后恢复重建和可持续生计发展与能力建设；二是长期政策，强调可持续发展以及综合性政策框架和长期发展战略，以及新十年扶贫开发纲要实施中对集中连片的特殊困难地区的重点关注；三是理论研究，包括灾害多发区、环境脆弱区与扶贫重点区的分布结构分析、灾害风险管理与减贫的理论框架建构、灾害风险管理与减贫的国际交流。另外，应注意几个结合：一是主体要素层面，国家与社区（及居民）的共同行动和通力合作，政府作为国家的代表又可以细分为中央政府和地方政府（还可以进一步细分出基层政府），应认识到各个层级的政府的理念、认知和行动差异，同时还应注重国际知识分享与经验借用；二是实际运行层面，"理论—实践—战略—政策"技术路线的内在逻辑关系及在研究实践中的具体运用，这条路线不是单向的，而是双向的甚至网状的；三是应对策略层面，根据主体需求和现实条件等因素的取舍，注意短期措施、中期策略与长期战略/政策之间的张力、联结与融合（参见图1）。

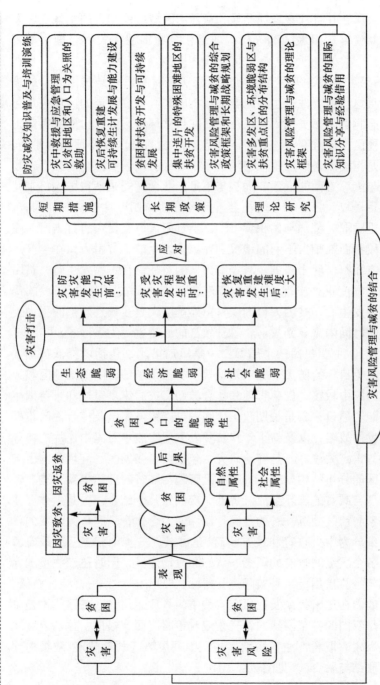

图1 "灾害风险管理与减贫的理论及实践研究"的分析框架

五、分析框架的初步应用与研究展望

为了对上述分析框架作出更充分、深入、全面的理解，笔者拟以汶川地震灾后贫困村恢复重建等重大自然灾害应对实践为例，对灾害风险管理与减贫的理论及实践的关键要素和核心论题展开实证分析。

其一，近年来，雪灾、地震、旱灾、水灾等重大自然灾害集中爆发，从贫困的视角实质上预示着贫困的成因、特性和分布的转变。改革开放以后，由于持续、快速的经济增长和政府有计划、有组织大规模的开发式扶贫工作，中国的反贫困事业取得巨大成就，贫困问题得到极大程度的缓解。农村贫困人口从改革初期的 2.5 亿人减少到 2007 年的 1 479 万人，贫困发生率从 30.7％下降到 1.6％。然而，随着改革向纵深推进和经济社会发展的深化，贫困的特性、成因、分布逐渐呈现出更加复杂多变的状态，反贫困工作也不断遇到新的问题和挑战。首先，在贫困的成因上，个人和家庭因素以及文化心理因素逐渐占据主导。改革开放之时，中国农民处于普遍性的贫困之中，这种贫困主要是体制因素造成的。其后，体制、政策改革推动经济快速发展，贫困人口大幅减少。目前仍处于贫困状态的农民群体的构成已发生很大变化，约五分之一为五保户，三分之一为残疾人口，超过四分之一的人口居住在不宜生存的环境中，剩下的有相当大部分人口是常年被疾病困扰的、没有劳动能力的和受教育水平极低的。对于贫困问题来说，个人和家庭因素逐渐凸显出来。同时，被社会排斥、文化心理守旧等也成为重要的致贫原因。王亚玲认为，在新的历史时期，传统致贫因素和新增致贫因素交织在一起，农民贫困呈现出多维形态特征[1]。李小云也认为，农民贫困的原因从区域经济发展不足、地理位置僻远、自然条件恶劣、人力资源不足等结构性因素为主转变为贫困人口生计不稳定、脆弱性强等个体因素，因病致贫和因灾返贫人口成为新时期贫困人口的重要构成部分[2]。其次，在贫困的特性上，个体性贫困在相当程度上取代了整体性贫困而成为当前农民贫困的主要类型；绝对贫困现象弱化，相对贫困现象凸显。随着有组织、有计划、大规模的扶贫开发战略的全面实施并取得显著成果，农村地区整体性贫困有所弱化，个体性贫困相应突显出来。农村贫困人

---

[1]　王亚玲：《中国农村贫困与反贫困对策研究》，《国家行政学院学报》，2009 年第 1 期。

[2]　李小云：《扶贫开发的"社会安全网建设"前瞻》，《人民论坛》，2010 年第 1 期。

口的区域分布与群体分布日益分散化、边缘化，出现了集中与分散并存的局面，不少发达地区也有不少贫困农民存在①。李小云指出，农民贫困的基本特征和类型已经开始发生根本性的变化，通过长期努力，贫困问题已经从普遍性贫困转为区域性贫困，绝对贫困为主转变为相对贫困为主，长期性贫困为主转变为暂时性贫困为主，贫困人口内部的结构化和多元化特点也日趋明显②。最后，在贫困的分布上，生态脆弱、生存环境恶劣的集中连片的特殊贫困地区是贫困人口集中地区，也是实现基本消除绝对贫困现象任务的主战场，并成为新十年扶贫开发攻坚工程的重点区域。2010年"中央一号文件"、2011年政府工作报告、"十二五"规划纲要以及正在起草中的《中国农村扶贫开发纲要(2011—2020年)》，都从扶贫战略上指出了新十年国家扶贫开发区域重点的战略性变化，突出了集中连片的特殊贫困地区扶贫攻坚对全国整体扶贫开发的战略意义。

其二，灾害与贫困的高度关联体现为两者在因果关系、区域分布、基本属性等方面。首先，在因果关系上，灾害与贫困在因与果之间是相互交错、互相转化的。一方面，新时期以来，短期性贫困或者个体性贫困诸如因灾致贫、因病致贫、因学致贫等日益代替中长期性贫困和普遍性贫困，成为农村贫困的主要类型。贫困监测数据表明，自然灾害是大量返贫的主要原因，2003年的绝对贫困人口中有71.2%是当年的返贫人口。在当年的返贫农户中，有55%的农户当年遭遇了自然灾害，有16.5%的农户当年遭受减产5成以上的自然灾害，42%的农户连续两年遭受自然灾害③。通过对川、甘、陕地区319位农户的实证研究表明，汶川地震发生后，在不考虑农户获得灾后补贴的情况下，农户的总体贫困发生率由灾前的5.97%增加到25.79%，贫困深度指数由灾前的2.73%增加到21.95%，贫困强度指数由灾前的1.99%增加到34.35%④。另一方

---

① 一个有代表性的奇特现象是，中国最富的地方和最穷的地方同时出现在广东省，显现富裕和贫穷的两个极端并存的局面。参见《中国最富最穷地方全在广东 广东欲三年消灭贫困》，2010年10月19日《中国经济周刊》。

② 李小云：《扶贫开发的"社会安全网建设"前瞻》，《人民论坛》，2010年第1期。

③ 国家统计局农村社会经济调查总队：《2003年全国扶贫开发重点县农村绝对贫困人口1763万》，《调研世界》，2004年第6期。

④ 孙梦洁：《自然灾害对灾区农村贫困的影响研究——以汶川地震为例》，中国农业大学2011年博士学位论文。

面，贫困人口在脱贫致富过程中也会由于其他替代性资源的缺乏而采用非可持续的发展模式，从而导致对自然资源的过度开发和自然环境的巨大破坏，增加灾害发生频次及其可能性。作为贫困的重要表现之一，贫困人口的脆弱性在灾害发生的不同时段都处于更加不利的境地，使其灾害应对能力大大削弱。其次，在区域分布上，灾害与贫困具有高度的区域重合性。在区位上，贫困面大、贫困程度深、脱贫难度大的中重度贫困地区，往往是自然环境恶劣、自身发展条件有限、发展机会不足的偏僻地区，这些地区由于与自然环境的密切联系而导致自然灾害的发生频率更高，出现区域重合的情形相当普遍。据统计，贫困地区遭受严重自然灾害的几率是其他地区的 5 倍①。另外，从返贫的区域分布看，当前农村返贫的区域性特征也很明显，返贫程度深、返贫率高的地区往往是自然条件恶劣、自然灾害频发的中西部集中连片的贫困地区②。最后，在基本属性上，灾害和贫困的社会属性在实践与政策层面受到了同等重视且联系密切。灾害的首要属性是自然属性，是自然环境自身规律的结果，在科学技术高度发达的当下人类也无法预测乃至阻止自然灾害的发生。但是，不管是从原因还是从后果来看，灾害的社会属性逐渐凸显出来，人为因素对灾害的发生、应对的影响越来越大，社会政策、规则、资源等非均衡性、不合理性对于不同的受灾地区和群体构成了不同的影响。与此相应的，对于贫困的认知，区位视角、文化视角乃至经济视角逐渐被社会视角所代替，贫困的存在与产生不是单纯的自然因素造成的，而更多地与一个社会的发展战略、政策框架及治理体制有关，贫困及贫困问题不是一个单纯的经济问题，更是一个社会、政治问题，扶贫开发工作就不能仅仅满足于改善不利于人生存的自然环境或解决温饱问题，还应关注人的发展权和社会公平正义③。贫困更多的属于一种"社会病"，而非"文化病"。正如安东尼·吉登斯所言，"在所有的传统文化中、在工业社会中以及直到今天，人类担心的都是来自外部的风险，如糟糕的收成、洪灾、瘟疫或者饥荒等。然而，在某个时刻(从历史的角度来看，也就是最近)，我们开始很少担心自然能对我们怎么样，而更

---

① 张辛欣：《未来十年我国扶贫开发任务艰巨 返贫压力仍较大》，新华网，2010 年 12 月 21 日。http://www.gov.cn/jrzg/2010-12/21/content_1770521.htm.

② 焦国栋、廖富洲：《扶贫攻坚中的返贫现象透视》，《学习论坛》，2001 年第 1 期。

③ 徐勇、项继权：《反贫困：生存、服务与权益保障》，《华中师范大学学报》(人文社会科学版)，2009 年第 4 期。

多地担心我们对自然所做的。这标志着外部风险所占的主导地位转变成了被制造出来的风险占主要地位。"①

其三，灾害、灾害风险与贫困密切关联的后果是贫困人口的脆弱性，而且这种脆弱性是生态脆弱、经济脆弱和社会脆弱的高度叠加与累积。生态脆弱是指贫困人口往往生活在自然环境恶劣、自然灾害频发的生态脆弱区，而且在生态保护与生态破坏之间难以保持适当的平衡。经济脆弱是指贫困人口在收入与消费水平、经济发展资源与条件、市场分享与参与度等方面的低下、弱势与不足。社会脆弱是指贫困人口在社会资本、话语权、社会参与、社会排斥等方面的制度性或机制性弱势。在上述多重脆弱的叠加与累积背景下，当贫困人口遭受灾害打击时，在不同的时段都面临相当不利的境况。在灾害发生前，贫困人口在生产生活的诸多方面都表现出防灾减灾能力低的特征；在灾害发生时，贫困人口的受灾程度重，出现"仅有的资产或生产剩余被剥夺的风险"的局面；在灾害发生后，贫困人口的恢复重建难度大，在缺乏外部的强力支持下难以在短时间里恢复到灾前，脱贫致富的愿望就更为遥远了。

其四，灾害风险管理与减贫的落脚点是从理论、实践和政策等多个层面探索应对之道。主要包括三个层面：一是短期措施，包括以降低贫困人口的脆弱性为目标的防灾减灾知识普及与培训演练、以贫困地区和人口为关照的灾中救援、应急管理和社会救助、灾后恢复重建和可持续生计发展与能力建设；二是长期政策，强调可持续发展以及综合性政策框架和长期发展战略，以及新十年扶贫开发纲要实施中对集中连片的特殊困难地区的重点关注，这套政策框架应在现实说服力和理论解释力两个层面实现有效衔接，既有理论的前瞻性又有实践的可行性，在内容体系上，应关注市场机制、技术进步、经济增长、公共财政支出、社会保障、社会公平正义等要素；三是理论研究，包括灾害多发区、环境脆弱区与扶贫重点区的分布结构分析、灾害风险管理与减贫的理论框架建构、灾害风险管理与减贫的国际交流。另外，应注意几个结合：一是主体要素层面，国家与社区（及居民）的共同行动和通力合作，政府作为国家的代表又可以细分为中央政府和地方政府(还可以进一步细分出基层政府)，应认识到各个层级的政府的理念、认知和行动差异，同时还应注重国际知识分享与经验借用；二是实际运行层面，"理论—实践—战

① ［英］安东尼·吉登斯：《失控的世界》，江西人民出版社，2002年版。

20

略—政策"技术路线的内在逻辑关系及在研究实践中的具体运用，这条路线不是单向的，而是双向的甚至网状的；三是应对策略层面，根据主体需求和现实条件等因素的取舍，注意短期措施、中期策略与长期战略/政策之间的张力、联结与融合。

在研究展望上，灾害风险管理与减贫的理论及实践研究具有以下几个层面的拓展空间和努力方向：一是多学科的理论、方法、工具的综合运用与互补互促。该研究涉及环境学、社会学、政治学、经济学、人类学、区位学等多学科的资源和知识，任何单独一门学科几乎都不可能对该研究展开。因此，必须在学科归属上保持开放性和交融性，为灾害学与贫困学之间的交叉性研究搭建一个平台，形成多学科的理论资源及专家资源的合力攻关。二是跨领域的理念、知识、经验、技术的有机结合与有效衔接。由于该研究具有很强的综合性、系统性和全面性，所以在研究层次上涵盖宏观、中观和微观三个层次，在研究的具体展开过程中应当虚实结合、知行合一，实现理念、知识、经验、技术的有机结合与有效衔接。三是多层面的研究范围和内容，至少要包括以下几个层面：环境层面，包括环境脆弱性、环境可持续力、生物多样性与灾害风险管理和减贫，以及贫困地区的生态环境风险管理等；经济层面，包括经济结构、产业结构、技术进步与灾害风险管理和减贫，农户的就业方式、收入结构与灾害风险管理和减贫，减灾和减贫资金的筹措、使用与评估等；文化层面，包括社区和农户的发展意识、风险意识、文化传统与灾害风险管理和减贫，少数民族与灾害风险管理和减贫等；社会层面，包括社会组织、社会资本、社会参与与灾害风险管理和减贫，社区管理体制、运行机制与灾害风险管理和减贫等；政治层面，包括体制要素、政策要素、公民权利、基层民主与灾害风险管理和减贫等；综合层面，包括性别、心理、信息平台建设、政府—市场—社会合作机制与灾害风险管理和减贫等。

参考文献

[1]陈立中. 转型时期我国多维度贫困测算及其分解[J]. 经济评论，2008(5).

[2]邓拓. 中国救荒史[M]. 北京：北京出版社，1998.

[3]丁文广，胡莉莉，王秀娟. 甘肃省自然社会环境与贫困危机研究[J]. 环境与可持续发展，2008(3).

[4]高云虹,张建华. 贫困概念的演进[J]. 改革,2006(6).

[5]巩前文,等. 农业自然灾害与农村贫困之间的关系——基于安徽省面板数据的实证分析[J]. 中国人口、资源与环境,2007(4).

[6]郭熙保,罗知. 论贫困概念的演进[J]. 江西社会科学,2005(11).

[7]国家统计局农村社会经济调查总队. 2003年全国扶贫开发重点县农村绝对贫困人口1 763万[J]. 调研世界,2004(6).

[8]国务院扶贫办贫困村灾后恢复重建工作办公室. 灾害对贫困影响评估指南[M]. 北京:中国财政经济出版社,2010.

[9]韩峥. 脆弱性与农村贫困[J]. 农业经济问题,2004(10).

[10]胡鞍钢,李春波. 新世纪的新贫困:知识贫困[J]. 中国社会科学,2001(3).

[11]胡鞍钢,童旭光. 中国减贫理论与实践——青海视角[J]. 清华大学学报(哲学社会科学版),2010(4).

[12]胡家琪,明亮. 基于自然灾害的农村贫困效应研究——以广西西南TL村的水灾调查为例[J]. 安徽农业科学,2009(28).

[13]胡家琪. 论自然灾害在西部欠发达地区的贫困效应——以甘肃省TP村的旱灾为例[J]. 农业考古,2010(3).

[14]黄承伟,李海金. 灾害风险管理与减贫理论方法的初步研究框架[J]. 中国扶贫,2010(21).

[15]黄承伟,王小林,徐丽萍. 贫困脆弱性:概念框架和测量方法[J]. 农业技术经济,2010(8).

[16]黄承伟. 防灾减灾、灾后重建与扶贫开发结合的理论解析[M]//黄承伟,陆汉文. 汶川地震灾后贫困村重建:进程与挑战. [M]北京:社会科学文献出版社,2011.

[17]黄承伟. 开展"灾害风险管理与减贫的理论及实践研究"的理论分析框架[J]. 中国扶贫,2010(23).

[18]黄承伟. 中国汶川地震灾后贫困村恢复重建规划设计与实施展望[C]//吴忠. 粮价上涨、自然灾害与减贫——第二届中国—东盟社会发展与减贫论坛资料汇编[C]. 北京:中国财政经济出版社,2009.

[19]焦国栋,廖富洲. 扶贫攻坚中的返贫现象透视[J]. 学习论坛,2001(1).

[20]李小云,唐丽霞,陈冲影. 中国的自然灾害与贫困[C]//吴

忠．粮价上涨、自然灾害与减贫——第二届中国—东盟社会发展与减贫论坛资料汇编[C]．北京：中国财政经济出版社，2009．

[21]李小云，赵旭东．灾后社会评估：框架方法[M]．北京：社会科学文献出版社，2008．

[22]李小云．扶贫开发的"社会安全网建设"前瞻[J]．人民论坛，2010(1)．

[23]全国科学技术名词审定委员会．地理学名词2006．2版．北京：科学出版社，2007．

[24]尚卫平，姚智谋．多维贫困测度方法研究[J]．财经研究，2005(12)．

[25]孙梦洁．自然灾害对灾区农村贫困的影响研究——以汶川地震为例[D]．北京：中国农业大学经济管理学院，2011．

[26]汪洋．灾民救助与农村贫困[J]．中国减灾，2007(4)．

[27]王国敏．农业自然灾害与农村贫困问题研究[J]．经济学家，2005(3)．

[28]王小林，Sabina Alkire．中国多维贫困测量：估计和政策含义[J]．中国农村经济，2009(12)．

[29]王亚玲．中国农村贫困与反贫困对策研究[J]．国家行政学院学报，2009(1)．

[30]徐伟．汶川地震对贫困的影响及其对灾害应急体系的启示[M]//黄承伟，陆汉文．汶川地震灾后贫困村重建：进程与挑战[M]．北京：社会科学文献出版社，2011．

[31]徐勇，项继权．反贫困：生存、服务与权益保障[J]．华中师范大学学报(人文社会科学版)，2009(4)．

[32]殷杰，尹占娥，许世远，陈振楼，王军．灾害风险理论与风险管理方法研究[J]．灾害学，2009(2)．

[33]张国培，庄天慧，张海霞．自然灾害对农户贫困脆弱性影响研究——以云南禄劝县旱灾为例[J]．江西农业大学学报(社会科学版)，2010(3)．

[34]张继权，冈田宪夫，多多纳裕一．综合自然灾害风险管理——全面整合的模式与中国的战略选择[J]．自然灾害学报，2006(1)．

[35]张琦．中国防灾减灾与扶贫开发相结合的机制分析——以汶川灾后贫困村恢复重建为例[M]//黄承伟，陆汉文．汶川地震灾后贫困村

重建：进程与挑战[M]．北京：社会科学文献出版社，2011．

[36]张晓．水旱灾害与中国农村贫困[J]．中国农村经济，1999 (11)．

[37]张辛欣．未来十年我国扶贫开发任务艰巨　返贫压力仍较大 [EB/OL]．[2010-12-21]http://www．gov．cn/jrzg/2010-12/21/content_ 1770521．htm．

[38]庄天慧，张海霞，杨锦秀．自然灾害对西南少数民族地区农村 贫困的影响研究——基于 21 个国家级民族贫困县 67 个村的分析[J]． 农村经济，2010(7)．

[39][英]安东尼·吉登斯．失控的世界[M]．江西人民出版 社，2002．

[40]Robert Chambers．Poverty and livelihoods：whose reality counts?[M]．Institute of Development Studies at the University of Sussex，1995．

[41]Okada N．&Amendola．A research challenges for integrated disaster risk management[R]．Presentation to the First Annual IIASA-DPRIM Meeting on Integrated Disaster Risk Management：Reducing Socio-Economic Vulnerability，at IIASA，Laxenburg，Austria，August 1-4，2001．

[42]Okada N．Urban diagnosis and integrated disaster risk management[R]．Proceedings of the China-Japan EQTAP Symposium on Police and Methodology for Urban Earthquake Disaster Management，Xianmen，China，November 9-10，2003．

[43]Oppenheim C．Poverty：the facts[M]．London：Child Poverty Action Group，1993．

特殊类型地区贫困村灾害风险防范与减贫相结合的战略思考

——以青海玉树高原地区等为例

张　琦　王　昊*

【摘　要】　特殊类型贫困地区需特别重视灾害风险防范。通过防灾减灾降低灾害致贫范围和程度，通过扶贫开发拓展抗灾救灾时效与内容，通过灾前防御、灾中应急、灾后重建全程风险管理促进扶贫开发与防灾减灾全过程的融合，通过统一规划从源头加强灾害风险防范与减贫措施的结合，通过创新组织机制加大防灾减贫相关部门整合力度，通过生态金融促进特殊类型地区生态环境保护与减贫发展，通过发展特色产业加强特殊类型地区生产设施和技术服务设施建设，通过发展少数民族旅游业发挥特殊类型地区文化风俗优势，是特殊类型贫困地区推进灾害风险防范和减贫相结合的战略途径。

【关键词】　特殊类型地区　灾害风险防范　减贫

进入 21 世纪以来，我国扶贫工作在取得巨大成绩的同时，也面临着新的问题与挑战。特别是受近几年来我国频繁发生的自然生态灾害影响，许多自然条件恶劣的地区贫困与因灾致贫现象尤为突出。因此，将灾害风险防范与减贫结合起来，已成为 21 世纪我国扶贫工作的一项新使命。

一、特殊类型地区的特点与因灾致贫

根据国务院扶贫开发领导小组各成员单位联合调研显示，我国特殊类型地区的贫困问题较为突出，如在我国"十一五"时期实施的 14.8 万

* 张琦，北京师范大学经济与资源管理研究院教授；王昊，北京师范大学经济与资源管理研究院博士生。

个整村推进扶贫村中，绝对和低收入贫困人口占农村总人口的 33%，而在石山区、荒漠区、高寒山区、黄土高原区、地方病高发区、人口较少民族地区、"直过区"（从原始社会直接过渡到社会主义社会地区）和 42 个沿边境的扶贫重点县则超过 40%。

(一)高原地区的灾害风险

我国高原地区主要包括黄土高原、青藏高原、西南喀斯特高原等区域。其中，黄土高原和青藏高原是国家扶贫的重点地区。由于黄土高原疏松的母质，受到水系的冲刷和切割，形成破碎的地表形态，该区气候系统不稳定，以多风和干旱为主要特征，年降水量 400 毫米左右，且时空分布极不均衡。这种地貌和气候，使黄土高原水土流失极为严重，耕地质量差，农产业水平低。而青藏高原地势高而多变，气候寒冷的自然环境是农牧业生产的主要限制因素，呈现寒漠草甸草原生态景观，年降水量不足 400 毫米，而且年份差别较大，干旱年份降水量不及平常年份的一半。热量短缺使生长季变短，作物和牧草品种单一，对干旱低温病虫害等自然灾害抵御能力弱，生产产出低，水土流失加剧，土壤沙化严重。应该说，制约高原贫困地区发展的因素很多，但最重要的因素有以下几个：一是历史因素。高原地区自古以来即环境恶劣、人烟稀少，发展非常落后。加之 20 世纪 50 年代以来的大规模开荒及乱砍滥伐等人为因素，导致高原地区尤其是黄土高原水土流失严重，植被恢复困难，水资源严重缺乏。二是地理因素。如前所述，地理条件差，加之农田水利设施建设不到位，导致高原地区农民抵御自然灾害的能力非常弱。三是交通因素。交通落后，导致生产成本加大，生产效率低下。四是成本因素。由于高原地区自然地理条件恶劣，基础设施改造难度大、成本高。

(二)青海玉树地区的特殊性体现

青海玉树是我国典型的高原地区，也是高原地区中贫困人口分布较多的少数民族地区之一。

表 1　青海玉树地区特殊性主要体现

	内容	特殊性
1	地理气候	海拔 4 000 米以上，高寒缺氧，昼夜温差大，无霜期短
2	生态环境	脆弱性高寒草甸生态系统，植被少，水土易流失，鼠害频繁，抗逆性弱
3	交通设施	公路路网密度低、路况差，主要交通道路仅有 2 条，运距长、成本高

	内容	特殊性
4	基建环境	地形狭窄，施工作业面小，组织协调难度大，大型机械难于进出场
5	建设材料	建筑资源缺乏，主要建材依靠外运，成本高，缺乏技术人才及施工人员
6	经济发展	经济发展落后，产业结构单一，地方财力薄弱，农牧民收入水平低
7	民族状况	以藏族为主，少数民族人口众多
8	社会文化	受藏传佛教影响深远，僧侣众多

资料来源：根据各类资料综合整理而成。

如表 1 所示，相比其他高原地区的一般状况来说，青海玉树地区更具有其特殊性。主要体现在如下几个方面：第一，地处青藏高原北部，自然条件严酷，平均海拔 4 000 米以上，高寒缺氧，昼夜温差大，无霜期短。如进行工程建设，每年有效施工时间只有 5 个月，给该地区发展带来极大困难。第二，生态环境脆弱。大多数区域属于极为脆弱的高寒草甸生态系统，植被生长期短，水土易流失，对外部影响的抗逆性弱，受到破坏极难恢复。第三，交通设施落后。该地区地域广阔，公路路网密度低、路况差、保通难度大，主要运输通道仅有国道 214 线和省道 308 线，运距长、成本高。第四，基础设施建设环境较差。城镇地形狭窄，施工作业面小，大规模施工组织协调难度大，后勤保障能力弱。第五，建筑资源缺乏。当地主要建筑材料基本依靠外部输入，设计、施工、管理等专业人才严重匮乏，适应高原作业的专业建设队伍短缺。第六，经济基础薄弱。该地区以草地畜牧业为主，产业结构单一，地方政府财力十分有限，农牧民收入水平低、贫困面广、自我恢复能力差。第七，少数民族聚居。该地区人口中少数民族比重达到 97% 以上，其中藏族比重达到 93%，玉树藏族自治州区域拥有丰富的民族文化遗存，地域特色鲜明。第八，宗教影响深厚。该地区是藏传佛教众多教派的聚集地，寺院多、僧侣多、信教群众多，宗教影响大。

综上所述，青海玉树地区作为少数民族高原高寒聚集地，具有非常典型的特殊性。并且，由于这种特殊性的存在，使得青海玉树地区一方面受自然地理条件导致的贫困状态难以消除，另一方面一旦发生自然灾害，各类救灾防灾措施均不宜展开。因此，近几年来，随着该地区自然灾害的频繁发生，因灾致贫情况特别明显。

(三)青海玉树高原地区因灾致贫状况

青海玉树地区地理环境特殊，又是自然灾害频发的特殊地区之一，自 2006 年以来，返贫率逐渐增高，因灾返贫率达 25%，重灾年高达 50% 到 60%。其中 2008 年因为雪灾的影响返贫人口达到 39 561 人(见表 2)，是相邻年份的十多倍甚至几十倍。特别是 2010 年的玉树大地震使得贫困面急剧扩大，因灾返贫率大幅度提高，贫困发生率由灾前的 34% 上升到 71% 以上[①]。玉树地区新增贫困人口 6 万人，总数达到 20 万人，占玉树地区农牧民人数的 65% 左右，其中玉树县几乎全县返贫。除此之外，玉树地区的贫困程度也进一步加深，公共服务能力大幅降低，贫困群众的生产生活遭到严重破坏，经济社会发展水平严重倒退。

表 2　玉树地区贫困人口变化状况表(单位：人)

年份	贫困人口	稳定脱贫人口	因灾返贫人口
2006	93 558	-----	757
2007	77 706	10 297	3 781
2008	104 914	12 353	39 561
2009	96 389	9 677	1 152

资料来源：根据《玉树地区 2006、2007、2008、2009 年国民经济和社会发展报告》整理获得。

而且，玉树的大部分地区处于三江源自然保护区，三江源自然保护区建立以来，相继实施了退耕还林、休牧育草、停止砂金开采和限制中草药采挖等一系列生态保护工程和措施，地方财政大幅减收，其中仅禁止开采砂金一项每年减收 2 000 万元。实行草场休牧后，牧民的收入水平出现下降，加之每天仅有 2.75 千克饲料粮的补助，使得牧民的生产生活很难维持，返贫风险大增。另外，对于生态移民来说，部分牧民的后续产业未能得到落实，随着进入成年后移民的生活成本提高，有限的补助和粮食并不能解决部分牧民的生计问题，特别是那些除了放牧没有一技之长的牧民，很容易出现返贫的情况，减贫效果很难持久。因此，将灾害风险防范与减贫结合起来，已成为特殊类型地区防灾减贫的必然选择。

---

① 青海省扶贫开发办公室：《青海省"十一五"扶贫开发成就综述》，2010 年 11 月《青海农民报》。

二、灾害风险防范与减贫相结合的必要性分析

灾害风险是我国现阶段滋生贫困的主要原因之一。目前，全国大部分贫困人口居住在自然条件恶劣、经济落后的地区。这些地方生产能力不高，人口不断超负荷增长，生产技术低下，资金投入不足，对提高资源经济价值、促进资源经济转化的作用不强，经济发展一直缓慢。应该说，贫穷与落后使人们为了获得足够的生存资源，靠毁林开荒、陡坡种粮等来维持生活，生态资源保护意识不是很强，从而导致水土流失、生态恶化、自然灾害频发，带来更严重的贫穷，形成了一种"贫困——生态破坏——自然灾害——更加贫困"的怪圈。

(一)防灾减灾是特殊类型地区扶贫工作的首要任务

进入新时期以来，随着全球气温逐步变暖，极端气候天气时常发生，北方干旱日渐严重，南方、西部等地区的洪涝灾害以及由暴雨引发的山体滑坡、泥石流等灾害也使得作物减产、生命安全无保障等情况日益严重。黄土高原地区由于降水减少，蒸发量大，水分亏缺量在300毫米～650毫米，干旱突出。同时，由于降雨集中在秋季，植被覆盖率低，土质疏松，因而水土流失严重，生态环境恶劣。另外，生态脆弱、干旱的地区交通不便、文化落后、市场经济不发达，各种因素交织在一起导致了特殊地区贫困程度加深，扶贫难度越来越大，这也是这些地区长期贫困落后的主要根源。因此，在此背景下，预防灾害风险，降低灾害发生后致贫返贫的数量已成为特殊类型地区扶贫开发的首要任务。破除单纯扶贫的思维模式，因地制宜地建立起防灾减灾/灾后重建政策机制，对于扶贫工作可起到巨大的推动作用。

(二)防灾减灾是特殊类型地区预防贫困多发的有效方式

长期以来，在对待灾害时，我们往往把工作放在灾害发生之后的救灾上。事实表明，单一依靠灾后救济不是根本解决贫困的办法。因为自然灾害侵袭往往使劳动生产毁于一旦，使经济发展遭受损失和破坏。自然灾害不但制约了经济生产发展，还破坏、抵消了长期发展成果。特别对于特殊类型地区，灾害发生频发，一旦发生则危害较大。因此，这些地区要脱贫，除了发展生产、提高生活外，还需要积极开展防灾减灾工作，减轻和消除灾害带来的负面影响。而且，由于灾害影响是长期的，因此，减灾具有消除贫困的长期效果。把扶贫开发、提高群众生活水平与减少灾害损失相结合，可以提高扶贫工作效益，保障经济的稳定持续发展，从而加快脱贫步伐。例如，就青海省而言，2001—2008年，中

央向青海省投入扶贫项目资金共计 52.09 亿元，通过政策支持、财政支持和项目支持三种方式对青海减贫事业进行了全力支持，提出了打破扶贫开发工作重点县、贫困村界限，实行连片开发、综合治理；考虑青海等省藏区地处高寒地区的特殊情况，适当放宽贫困界定标准；加大财政扶贫资金、以工代赈、信贷扶贫资金的投入；加大易地扶贫搬迁力度；加大"雨露计划"实施力度，加强贫困农牧民实用技能培训等一系列具体措施，直接促使青海省贫困人口从 2000 年的 197.6 万人减少到 2008 年的 67.9 万人，8 年减少贫困人口 130 万人。

（三）防灾减灾是特殊类型地区提升生产生活水平的重要依托

在贫困地区的经济发展中，防灾减灾除了预防灾害、降低风险的功能外，还肩负着保护生态环境和农业生产环境的重任。因为，贫困地区大都生态环境恶劣、自然灾害频发，单纯以经济发展为主要目的的扶贫开发势必会受到恶劣自然环境的负面影响。所以，通过防灾减灾可以有效地保证特殊类型地区居民的生产生活环境，为其通过项目开发或整村推进的方式提高生活水平创造客观条件。此外，因自然灾害的发生与人类自身破坏生态环境的行为密切相关，要从可持续发展的高度认识生态建设的重要性，不能依靠牺牲生态环境来求得一时的扶贫效果。防灾减灾与扶贫开发结合正是贫困地区实现可持续发展的重要手段。只有将两者切实结合起来，才能实现环境优化与生产发展的双重目标，使贫困地区的社会经济发展水平得到真正提高。

三、特殊类型地区灾害风险防范与减贫相结合的战略思考

将灾害风险防范与减贫相结合，关键在于机制创新，也就是从规划、管理、组织、资源配置到人力安排部署的一系列过程管理中的机制创新。我们说，机制是一套科学的管理方法和系统的运行规律，也是对实践经验的理论总结。从理论上看，由于灾害风险管理理论与减贫理论在时间维度上具有一致性、在降低贫困人口脆弱性上具有相似性，因此在自然灾害频发区与特殊类型贫困区高度重合的情况下，防灾减灾与扶贫开发可以形成一种相互融合和良性循环的体系(见图1)。在这个相互融合的循环体系中，如果有灾害发生，那么灾害打击与返贫因素共同作用，对贫困地区产生打击并造成损失(虚线下半部分)；遭受灾害打击后，防灾减灾与扶贫开发相结合机制发挥作用，首先恢复贫困地区的基础设施和生活秩序，然后增强贫困地区自我发展的能力，进而提升贫困地区的防灾减灾水平(虚线上半部分)。

因此，要实现灾害风险防范与减贫结合起来的战略目标，必须有一套行之有效的实施机制。也就是说，从战略角度考虑，贯彻落实既定目标的前提是不断推动建立特殊类型地区灾害风险防范与减贫战略机制。

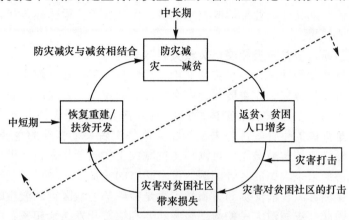

图1　防灾减灾与扶贫减贫相结合的互动机制

(一)通过防灾减灾降低灾害致贫范围和程度

在特殊类型地区，防灾减灾一直是这一地区重要的城市及乡村发展任务，如何更好地降低自然灾害的发生频率，做到提前预防与提前预警是减少灾害影响的有效措施。而对于目前的防灾减灾工作来说，进行防灾减灾工程项目建设是应对自然灾害的主要方式，例如在洪水频发地区筑堤建坝，在泥石流灾害重点区域进行大规模山体护坡建设及植树造林，在地质灾害频发地区进行移民搬迁及回迁房建设等，都是降低灾害影响的主要做法。而将防灾减灾与扶贫工作结合起来，就是在实施这些工作的过程中，尽可能地采取以工代赈、定向承包、委托建设的方式，让特殊类型地区的贫困人口参与到工程项目建设中，而且，在这一过程中要注重对贫困地区人口的生产技能培训，让他们掌握简单的工作技能，这样既建设了防灾工程，又解决了贫困地区人口的生计及职业技能发展问题，还通过实践培训锻炼了贫困人口的从业能力，为今后长期的扶贫开发奠定了基础。例如，在四川省南江县就广泛开展了以工代赈的防灾扶贫开发机制，即南江县在发改局下设了以工代赈办，以工代赈办既掌握了上级部门配置的以工代赈资金，又具有发改局协调其他职能部门上的便利。通过召开联席会议，扶贫部门引导以工代赈资金向贫困村集中，并和其他项目进行捆绑，实现不同部门工作之间的互动；专业职能部门参与联席办公会议，配合项目具体执行，可以确保工程达标。在实施以工代赈工作中推行联席办公制度,坚持相关部门共同参与项目规划设计、共同参与项目管理、共同参与质量监督的"三共同原则",既发挥发改局的资源调动能力,又发挥扶贫开发部门的项目瞄准和项目设计能力,还借助其他专业部门的技术优势,保证各项工程达标创优,取得了很好的效果。

(二)通过扶贫开发拓展抗灾救灾时效与内容

在特殊类型地区,一旦灾害发生,防灾救灾工作任务就会变得特别繁重。目前的救灾工作主要包含两个层面的内容:一是灾民的安置与生活救济,这主要是灾后短期内救助的重要任务,确保灾民基本生活保障;二是灾民的生计安排与未来规划,这是灾后长期救助的主要任务。在这个领域,扶贫减贫工作可以与防灾减灾工作结合起来,从可持续发展角度考虑未来灾民的生计问题,结合既有的扶贫开发项目,获得长久的生产生活保障。前文提到,自然灾害是特殊类型地区贫困滋生的主要原因,因此,灾后对灾民的救助也必然要和扶贫开发结合起来,通过对灾民安置和未来发展的统一规划,实现灾民救助与扶贫开发的双重效果。例如,汶川大地震之后,在北京市对四川什邡的对口援建中,除帮助什邡人民恢复家园之外,还集中建设了 12 000 平方米的综合农家乐,汇集餐饮、住宿、垂钓等功能,所有权和全部收益归全体渔江村人,村民既是股东又是员工,生计有了长久的保障。同时,北京援建者还投资兴建了京什产业园,并通过牵线搭桥,为产业园引来了 14 家企业,计划总投资 22.63 亿元,另有 12 个项目达成意向性协议,计划总投资 8.95 亿元。因此,在特殊类型地区灾害发生之后,除短期物资、房屋等救助之外,还需要根据特殊类型地区特点,考虑保证灾民或贫困人口长期脱贫致富的产业及战略措施,将短期救灾与长期扶贫结合起来,通过扶贫开发拓展抗灾救灾的时效与内容。

(三)通过三阶段灾害风险管理促进扶贫开发与防灾减灾全过程融合

灾害风险管理理论认为,管理灾害风险需要注意灾前防御、灾中应急、灾后重建三个环节。而且,灾前防御、灾中应急、灾后重建是三个相互递进、互为依托的可循环过程,尤其是灾后重建,通过科学合理的重建规划,可以有效提高特殊类型地区的灾前防御水平,进而为降低灾害风险打下良好基础。所以,将灾害风险防范与减贫结合起来,就是要将风险灾害防范工作与减贫工作结合起来,按照灾前和灾后两个不同阶段分别实施,一是将扶贫减贫纳入到日常防灾减灾工作中,实现灾前防范中防灾减灾与减贫措施的有机结合。二是将防灾减灾纳入到扶贫开发工作中，确保灾后减灾救灾行动中考虑长期扶贫减贫效应(见图2)。

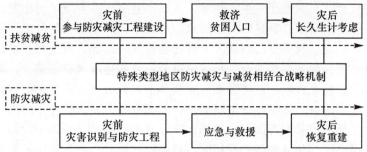

图2 防灾减灾与扶贫减贫相结合的作用机制

因此，对于特殊类型地区来说，加强防灾减灾体系和综合减灾能力建设是防止返贫现象发生的有效措施。例如，在灾害发生之前，在高原高寒地区，加强地震、地质、气象等地理现象的预防和减灾工程建设；在濒海、濒湖与濒河的地区，加强对洪涝灾害等的专业监测系统建设；在高山、低谷、峻岭、山地地区提高监测预测泥石流、山体滑坡等的预警能力建设。同时，加强基础测绘工作，恢复建设测绘基准基础设施，开展基础地理数据生产，建设地理信息公共服务平台。在灾害发生之中，充分利用防灾减灾与扶贫开发等各类资金、物资，实现对灾民的及时救助和实时帮扶。在灾害发生之后，优先考虑可持续扶贫问题，有效通过抗灾措施部署维持灾民生计的生产建设，促进扶贫开发与防灾减灾全过程融合。

(四)通过统一规划从源头加强灾害风险防范与减贫措施相结合

规划机制在特殊类型地区防灾减灾与减贫相结合机制中起着统领全局的作用，它既是防灾减灾与扶贫开发两项工作的契合点，又是整个机制的纲领。规划管理既能够统筹兼顾外部整合管理机制和内部活力激发和能力培育机制，又能调和地区发展、恢复重建、扶贫开发等不同工作之间的关系。更重要的是，它还能够将特殊类型地区长期的防灾减灾工作部署与扶贫减贫工作结合起来，考虑特殊类型地区气候变化和灾害管理对扶贫开发工作的影响，统筹规划各类防灾减灾工程设计、施工和运营维护，最大限度地从防灾减灾和扶贫开发两个角度对这一地区的居民人口进行统一部署安排。根据既有工作经验，可以成立高规格的规划组织机构，由地区规划主管部门牵头，整合减灾防灾与扶贫开发两个专项规划，形成特殊类型地区防灾减灾与扶贫开发整体规划，指导整个地区工作。例如，国务院于2010年6月编发了玉树地震灾后恢复重建总体规划，规划中坚持以人为本，尊重自然，统筹规划，合力推进，从玉树经济社会、自然地理、生态环境、民族宗教文化等实际情况出发，借鉴汶川地震灾后恢复重建的成功经验，切实把灾后恢复重建与加强三江源保护相结合、与促进民族地区经济社会发展相结合、与扶贫开发和改善群众生产生活条件相结合、与保持民族特色和地域风貌相结合，建设生态美好、特色鲜明、经济发展、安全和谐的社会主义新玉树。比如，在重新规划的县域地区和城市规划中，就充分考虑了玉树地区自然地理条件、地质灾害频发等因素，并结合国家对三江源地区的保护规划，将规划区国土空间划分为生态保护区、适度重建区和综合发展区。其中，生态保护区主要指三江源、隆宝自然保护区的核心区、缓冲区和实验区，以及畜牧业适宜发展区。适度重建区主要指集中分布在玉树西北部和东部的农牧业适度发展区和人口相对集中区。对该区域内的乡镇实行就地重建，稳定人口规模，控制农牧业开发和乡镇建设强度。逐步恢复生态系统功能，重点实施退牧还草、退化草地治理、湿地与野生动物保护等工程，适度发展生态旅游等特色产业。综合发展区主要指 27 个乡镇驻地，以乡镇政府所在地为重点，适当集聚人口。

（五）通过创新组织机制加大对防灾减贫相关部门的整合力度

组织机制是通过整合防灾减灾部门、扶贫部门以及其他职能部门形成合力，增强政府部门统筹能力、强化资源调动能力和资源使用的配合度，最终在部门分工协作层面实现防灾减灾与扶贫开发的有机结合。应该说，组织机制在灾后重建与扶贫开发相结合的机制中起着承上启下的作用，一方面是规划管理得以实施执行的组织保障，另一方面又是资源整合配置的前置条件。根据目前我国特殊类型地区防灾减灾与扶贫开发部门的具体情况，可以将其整合为一个统一的部门，即防灾减灾与扶贫减贫办公室，由地方主要行政领导负领导、指挥责任，最大限度地调动与之相关的其他部门共同开展各项有关工作，保证部门配合高度的灵活性与基本的原则性相结合。资源统筹机制就是把特性不同但在某些方面具有相同点的资源整合起来，实现防灾减灾、扶贫开发及其他资源在管理、用途、监管等方面的归一化和统筹化。资源整合是外部整合管理机制实施执行的具体方式，它受总体规划的指导，同时良好的部门组织协调又是资源整合的前提条件。在防灾减灾与减贫相结合的机制中，资源统筹主要包括三方面内容：一是资金的统筹管理，包括中央和地方政府用于防灾减灾的专项基金、财政扶贫资金、金融机构贷款以及以工代赈等资金；二是物资的统筹管理，包括各类防灾减灾物资、储备物资、扶贫物资及生产生活物资;三是人力资源的统筹管理,包括各类专项人才、技术人才和劳动力等。

(六)通过生态金融促进特殊类型地区生态环境保护与减贫发展

生态金融是针对特殊类型地区自然保护区众多,生态环境保护制约经济产业发展等问题提出来的通过金融补偿的方式对该地区予以资金支撑和保障发展的重要举措。目前在许多国家和地区都有尝试,有碳汇交易、自然灾害证券等。比如碳汇交易是一些地区通过减少排放或者吸收二氧化碳,将多余的碳排放指标转卖给其他地区,以抵消这些地区的减排任务的交换过程。因为中国大部分贫困地区都位于生态条件较好,但产业发展薄弱的地区,特别是边远山区和生态保护区等,它们为维持生态多样性,受国家政策和区域规划限制而不能大规模发展产业,因此脱贫致富的路径被大规模限制。所以,完全具备了进行碳汇交易的基础和条件。而且,从地区角度来看,碳汇交易也有利于地区化发展平衡,是让发达地区通过有效机制支援欠发达地区的主要方式,因此,具有大规模应用前景和广阔的实施空间。例如,在玉树地区,有三江源、隆宝等国家、省级自然保护区和丰富的草原、水源等自然资源,特别是随着国家逐步加强对自然生态保护区的建设和扶植力度,加大天然林保护、封山育林和小流域综合治理等工程建设投入力度,加快开展水源涵养区、自然保护区管护设施恢复重建,逐步修复生态系统功能已经成为大势所趋。特别是对于草原、草场的恢复,大都通过加强草原封育,实行划区轮牧、休牧和禁牧,有条件的地方建设人工草场等方式实现,这就进一步限制了牧民通过放牧促进经济发展的主要途径。因此,在这种特殊类型地区开展新型生态金融模式的探索具备了较好的条件。

(七)通过发展特色产业加强特殊类型地区生产设施和技术服务设施建设

特色产业发展与特殊类型地区生产设施建设与技术服务设施建设息息相关。在特殊类型地区,由于自然地理条件有限,许多常态情况下可以发展的各类产业在特殊类型地区都不适用。因此,因地制宜地开发适合特殊类型地区的特色产业是该地区实现灾害降低与扶贫开发的有效途径。例如,在玉树地区,由于高原高寒气候和草场丰富,因而适合发展生态畜牧业,即大力发展农牧民专业合作社,加大牦牛提纯复壮、藏羊品种选育和犏牛推广力度,推进良种繁育体系、养殖基地和养殖小区建设,恢复重建畜用暖棚、贮草棚。同时,由于高原地区阳光照射强度较大,所以较适合推广优良作物新品种和新技术,如青稞、马铃薯、藏药材等。因此，可以建立青稞、马铃薯良种繁育基地，大力发展特色农业，发展马铃薯、高原蔬菜、中、藏药材生产，在适宜地区建设高标准日光节能温室，逐步提高蔬菜自给水平。在此基础上，因地制宜发展高原优势特色农畜产品，积极发展生态农牧业，稳步提高农牧业综合生产能力。按照整合资源、共建共享的原则，统筹安排农技、畜牧兽医、动物疾病预防控制、动物卫生监督和草原、农经、农机、农产品质检、农业有害生物预警等农牧业服务设施，以及农牧业信息网络平台建设。

（八）通过发展少数民族旅游业发挥特殊类型地区文化风俗优势

在我国西部许多类似玉树的特殊类型地区，同时也是少数民族及特殊历史文化风俗人口聚集区，有较强的特色旅游资源和文化氛围。过去，受交通运输条件影响，这些文化资源的利用及开发程度有限。在防灾减灾的交通设施工程建成之后，该类旅游文化资源的开发和经营也能够成为产业扶贫的一项重要内容。例如，青海玉树地区是少数民族自治州，区内藏族人口比例很高，主要藏传文化旅游资源相对集中，有"一区四带"和许多重点景区景点，如结古镇旅游区、唐蕃古道旅游带、高原湿地草原旅游带、康巴民俗风情旅游带、宗教文化旅游带、勒巴沟—文成公主庙景区、结古镇景区、巴塘温泉景区、尕尔寺峡谷景区、拉司通藏村景区、隆宝滩生态旅游区、赛巴寺宗教景区、尕朵觉悟景区、桑周寺景区、贡萨寺景区、苏莽景区、嘉塘草原景区，这些旅游文化资源借助交通设施予以深度开发和利用，既传播了藏族文化风俗，促进多民族地区文化交流与融合，也为特殊类型地区开拓了一条可持续的减贫发展之路。

综上所述，将防灾减灾与减贫结合起来，是新时期我国特殊类型地区实施扶贫开发的主要方式，也是适应气候多变、灾害频发的现实状况的应对策略。在特殊类型地区开展贫困工作，关键是要对灾害的频发性和破坏性做好充分的考虑和准备，不仅在灾害发生之前要未雨绸缪，让贫困人口通过参与防灾减灾工程了解灾害危害，学习应对方式，锻炼生活技能，也要在灾后重建过程中充分考虑未来贫困人口的生产生活技能和生产生活方式的转变，只有将防灾减灾与减贫结合起来，才能更好地应对特殊类型地区灾害与贫困带给人们的危害与影响，实现灾害防治与扶贫脱贫的双赢战略。

激情、理想和现实

——一个民间组织与农村社区在灾后重建中的关系及其意义

陆汉文　岳要鹏*

【摘　要】 在参与农村社区灾后重建和发展的过程中，一些民间组织仍然带有传统文化的鲜明烙印。它们倾向于按照自身绘制的理想蓝图改造农村社区，与村民和村级组织在灾后重建和发展项目中形成的是权威—服从关系。这种状况影响到民间组织和农村社区的良性互动，影响到发展项目的实际效果，也影响到公民社会的成长。

【关键词】 民间组织　农村社区　互动关系　发展

一、引言

汶川地震后，中国政府组织开展了波澜壮阔的恢复重建活动，民间组织在其中发挥了重要作用②。民间组织参与灾后重建具有自身的特色，如注重新理念的倡导，以基层社区特别是农村村庄为重点，关注脆弱人群，将工作做到精微处，强调能力建设等。这些均对政府工作起到了很好的补充作用。

成立于 1996 年的环促会以生态文明的传播与实践为宗旨，主要活动包括倡导绿色生活、培育生态乡村、推动绿色传媒。"5·12"汶川地震后，环促会前往极重灾区考察与评估受灾情况，认识到生态重建的重大意义。之后，环促会围绕生态文明与灾后重建策划举办了相关论坛，

---

　* 陆汉文，华中师范大学减贫与乡村治理研究中心主任、社会学院教授；岳要鹏，华中师范大学社会学院硕士研究生。本文缩略内容曾发表于《广西大学学报》2011 年第 3 期。

　② 张强、余晓敏等：《NGO 参与汶川地震灾后重建研究》，北京大学出版社，2009 年版，第 71～87 页。

倡导生态重建和绿色发展，并选择四川省 PZ 市达村进行生态重建的实践探索①。

达村是一个有着两百多户的山村，位于龙门山脉南段的海拔 1 600 多米的达山上。这里山清水秀，空气清新，清幽宁静，有淙淙流淌的清泉，郁郁葱葱的山林，漫山遍野的中草药；高山气候，四季分明，尤其是夏季十分凉爽，适宜避暑。同时，当地民风淳朴，村民勤劳团结，守望相助，又远离市区，受外界影响小，少了一份外界的纷扰喧嚣，增添了一份宁静祥和，俨然是现代版的世外桃源。汶川地震之后，达村 90％村民的房屋都倒塌了，只有为数很少的旧式木质结构房屋保存了下来。经过实地考察，环促会形成了在达村支持建设"乐和家园"的理想：乐和生态——以生态人居为主题的低碳环境管理；乐和生计——以生态产业(主要包括创意手工业、生态农业和生态旅游业)为主体的低碳经济发展；乐和保健——以医疗诊所为主导的低碳保健养生；乐和伦理——以敬天惜物为内涵的低碳伦理教育；乐和治理——以互惠共生为特质的低碳生态社会建制②。带着这种理想，环促会全面介入达村灾后重建，和村庄组织及村民互动，演绎出一个意味深长的故事。

本文以实地调查及所获访谈资料为主要根据，以环促会和村庄的关系为主线，就其生态重建的曲折故事进行分析，进而讨论民间组织参与农村发展工作的理念与角色等问题。

二、与村两委的关系

(一)信任与支持：村两委鼎力相助

汶川地震以后，在镇政府的推荐下，环促会来到达村考察和评估灾情。经过一番考察，该组织认为，达村具备开展生态重建的优越自然及人文环境条件，并与村两委进行了沟通。

---

① 本文中"环促会"、"达村"、"达山生态协会"及所有人名均为化名，并作了必要的技术性处理。本研究旨在通过环促会在达村的项目实践揭示我国民间组织参与乡村发展时存在的特定问题，研究焦点是环促会在达村的项目实践所蕴含的、对认识民间组织与农村社区关系具有典型意义的素材，环促会多年来开展的其他活动均未涉及。因此，不应根据本文信息对环促会这一民间组织本身进行评论。此外，本研究对社区的访问较多，对环促会的访问相对较少，这使得相关信息可能是片面、单角度的。

② 廖晓义主编：《东张西望：廖晓义与中外哲人聊环保药方》，三辰影库音像出版社，2010 年版，第 301 页。

　　"她(环促会负责人)也会对乡村有一些自己的描述，走了几个村庄之后觉得这个村庄比较适合。它(达村)相对来讲，可能交通一直都不太便利，受外界的现代化的影响比较少，自然环境保护得比较好，尽管说现在也可以看到一些垃圾，但比起山区脚下以及城镇周边的要好很多，可能更接近于一个构想中的生态乡村的意思，包括村民也比较积极，之后就选择了这个地方。"(访谈资料编号：20101127-02-WP)

　　村两委对环促会的到来表示欢迎和支持，并愿意尽全力帮助环促会开展生态重建——建设乐和家园。

　　"开始，环促会参与达村灾后重建村两委非常感谢，同时也是心存感激之情。大家都是有一种感恩的心在里面。"(访谈资料编号：20101129-02-LG)

　　环促会选择在达村海拔位置较高的8、9、10、11组全部村民土地以及5组部分村民住地建设乐和家园。在环促会到来以前，政府为这些村民提供了五种可以选择的房屋重建方式：统规统建、统规自建、原址自建、原址重建、货币安置。由于达山到TJ镇交通不便，乐和家园社区大多数居民打算选择统规统建或统规自建，从世代居住的山上搬迁到山下TJ镇定居。乐和家园项目则要求村民继续留在山上，这就需要动员已经选择统规统建或统规自建的村民转而选择原址重建。村两委做了大量工作，帮助环促会说服村民接受了原址重建。

　　"L会长来了让我们都改成了原址重建，这样她的项目才能落实下来。当时LFG书记和L会长一直宣传原址重建的好处，组织动员村民进行原址重建。"(访谈资料编号：20101128-02-XSM)

　　"当时地震之后是这样子的，它(环促会)开始是在10、11组发展，我们大概8月份才加进来。当时是双'L'嘛，LFG在这当村书记，前后给大家做工作可能有一个多月。我们这儿先是签的是统建，做工作过后，改回原址重建的。……当时大家都不愿意，后来他们有人做工作，说主要目的是开发旅游，发展'农家乐'。多次开会，做工作，当时LFG从镇上调到这儿有一个多月，好像有点带

有些硬性、强制的意味。"（访谈资料编号：20101127-01-HJW）

项目启动后，在环促会提出由该组织与村两委、达山生态协会共同构成三方联席的乐和家园协调议事机制时，村两委给予了支持，并配合环促会组建了乐和家园管理委员会。三方签订了《达村乐和家园合作协议》，明确了三方职责，确定了各自的权利与义务，这为推动乐和家园项目的实施和管理奠定了组织和制度基础。

重建初期，环促会引进的资金和其他资源以及富有激情的乐和家园建设理念赢得了村两委的信任，同时也换来了村两委对环促会前期工作的鼎力支持。

（二）失望与排斥：村两委分道扬镳

随着乐和家园项目的推进，环促会与村两委在项目规划管理以及产业发展路径等方面开始出现分歧。

在乐和家园项目规划过程中，环促会提出了"耕、读、游、艺、养"的基本建设内容，将乐和家园的土地分为耕地和非耕地产业，按照"统一规划、集中管理、分户生产"的原则使用。村委会认为环促会提出的是一个"理念性规划"，是关于终极蓝图的描绘，并没有提出实现这一蓝图的操作性步骤和具体措施。他们就此与环促会进行多次沟通，建议环促会提出一个符合村庄实际发展需求的操作性实施规划，但每次沟通都没有达到预期效果。

> "L会长给我们提的是乐和家园，我一直请L会长能不能给我们提出一个比较详细的规划，哪怕这个规划比较遥远，但是我们可以分步走，今年我们实现什么目标，明年我们实现什么目标，但是L会长一直给我看的就是她的一个概念性的规划，所谓概念性的规划就是没有具体的项目内容，就是一个理念性的东西。他们的规划就是一个概念性的规划，'耕、读、游、艺、养'，这是她经常挂在嘴边的一句话，她向我们描绘的是一个终极阶段的前景，但是从现阶段达到终极阶段中间还有很多步骤要走。但是整个过程怎样完成她没有计划。比如，我认为要有比较规范的实施计划，环促会来帮助我们进行灾后重建，首先应该向我们表明它有多大的财力和资金，这些资金我们用于项目管理有多少，用于项目投入有多少。用

于建设的有两百万或者一百万，我们今年要做什么，明年要做什么，要达到一个什么目的，资金投入以后要看到什么东西，这种情况应该和当地有充分的沟通。我和L会长沟通多次，但是感觉不能够很好地沟通。我也不想和她有太多的沟通了，因为每一次沟通我都说得很清楚，我想达到的目的一点没有达到。"（访谈资料编号：20101129-02-LG）

因此，环促会并没采纳村两委的建议，继续按照"理念性规划"推进乐和家园项目。环促会项目管理团队主要由志愿者和义工组成。按照《达村乐和家园合作协议》，这支团队与达山生态协会、村两委共同组成乐和家园管理委员会，并通过召开三方联席会议对项目实施和监管过程中的重大事宜进行决策。然而，在村两委看来，三方联席的协调议事机制并不是像协议规定的"那么回事儿"。

"环促会在操作过程中缺少的是监管和监督，形式上我们成立了一个叫三方联席的机构，但是形同虚设。为什么形同虚设呢？一是老百姓的素质达不到管理要求，管理素质较低；二是财务从来没有公开过。到现在我都不清楚，环促会在达村投入了多少资金，投入这部分资金的前期工作经费有多少，这些我都不清楚。除了财务以外，我认为他们实施项目的团体不是很专业的团体，它是由很多志愿者组成的团队，这些志愿者技术和管理都不专业，对产业发展方面他们都不是内行。NGO只是一个平台，并不是这个平台它就是万能的，它并不具备实施项目的能力，或者它应该有一个项目的实施主体，实施项目的主体就应该有实施方案和项目监管能力，这些方面都没有。让我们这些基层的如何与NGO平等地交流？没有办法进行交流。也许在NGO看来，我们这群人素质太低了，他们的理念我们没法理解，他们的资金拿给我们，我们可能会乱用。当然，它也可能组建团队，但是组建的团队并不都是很多志愿者都参与进来的团体，而是一个实实在在有实施步骤的团体，各个方面都要参与进来。资金应该透明，既然是个NGO组织，资金都不透明，首先失去的就是地方上对你的信任。"（访谈资料编号：20101129-02-LG）

由此可见，村两委对三方联席协调议事机制的不满主要集中在两个方面：一方面对生态协会（"老百姓"）的管理素质持否定态度；另一方面对环促会项目实施团队专业能力和财务管理工作表示质疑和不信任。

由于双方缺乏有效的沟通，村两委与环促会的分歧进一步延伸至产业发展以及项目股份和红利配置方面。

在产业发展路径方面，环促会在乐和家园建立有机农场，向当地村民推广种植有机蔬菜、猕猴桃、山药等作物，运用"公益＋农户"的模式经营，按户生产，统一销售并且承诺保证销售渠道。而在村两委看来，首先，村民有自由选择种植何种作物的权利，任何组织没有权力去要求村民种植何种作物；其次，当地的气候环境不适宜推广种植环促会倡导的一些作物；再次，环促会关于保证销售渠道的承诺没有兑现，它所倡导的"公益＋农户"的经营模式不但没有帮助村民实现增收，反而制约了当地经济发展，并且将项目带来的负面影响转移给了村两委。

> "老百姓地里面想种什么不想种什么我们没有决定权，我们只能建议，建议他种什么，不种什么。但是，NGO的有些做事方式要求老百姓必须种什么，要求我们向老百姓宣传，我说我不可能这样做，老百姓如果有收益的话，那还好说，如果没有收益，那谁来负责。既然土地承包给村民，那么他就有承包经营管理权，我们只能从技术方面进行指导分析，我们这里土壤适合种什么，明年市场走势怎么样，从这方面来讲这些，就这件事跟NGO那边有很大的矛盾，她认为村上不支持他们，她认为我作为支部书记有权力决定村民种植什么山药、猕猴桃什么的。我认为NGO对基层组织不是很了解。L会长引进了一些产业比如说山药、猕猴桃不是很适合我们当地栽种，试栽的情况很不理想，所以在这方面也打击了老百姓的积极性。它之所以不理想是因为她没有和我们当地的产业状况结合起来。既然要在我们这个地方建乐和家园就应该和当地的气候、土壤、环境等结合起来。"（访谈资料编号：20101129-02-LG）

> "NGO介入灾后重建不但没有促进当地发展，反而制约了当地发展。已经是两年时间了。它们实际上是把没有搞成功的压力已经转移到我们村上了，老百姓的怨气和不满已经转移到村上了。因为他们不是当地人，他们造成的负面影响，当地基层组织就不得不去承担。并且它和我们村两委以及当地政府沟通很少。他们想做啥子

事情就做啥子事情，根本不和我们沟通。究竟是否适合当地实际情况也不征求当地意见，给老百姓造成很多不必要的影响。村上一向它提意见，就好像村上不配合它的工作，而且还要我们宣传。如果我们宣传出去向外推广的话造成的影响会更大。"（访谈资料编号：20101129-03-LY）

在乐和家园产业项目股份和红利配置方面，环促会以资金和理念入股，村民以土地等自然资源入股，环促会享有51％的股份和红利，生态协会享有剩余的49％，以红利的形式分给村民。村两委对这种分配方式提出质疑，认为股份和红利的分配方式缺乏依据并且是不公平的，并进一步认为环促会的理念不符合村庄的实际情况。

> "我还有最大的一点意见，就是L会长建立三方联席会，她就起草了协议，协议就有一个股份的配置，以后有了收益怎么分配，L会长那边占51％，老百姓这边占49％。当然她说她占51％，她扣除了开拓市场的费用，经营的成本等，然后，其他的分配给老百姓，看起来很不错。但是，我发现其中的问题：股份的配置依据的是什么？可以这么说，L会长想的是以资金入股，我们有当地的资源条件，我们占49％是完全说得过去的，如果你只是带着一个理念设想，你要占51％，我认为是不公平的。尽管L会长不是将这51％拿走，她想的是一个滚动的发展，但是老百姓就想不明白为什么这样配置。我认为她的一些理念还是有些不切合实际的地方，同时也与老百姓素质提高还有一定的距离有关，认同她这个理念我们艰苦个十年二十年也许能实现真正的乐和家园，但是我还是那句话，长征很伟大，但是人都饿死在长征的路上，我们整个长征还有什么意义。"（访谈资料编号：20101129-02-LG）

因为以上分歧，村两委与环促会多次进行沟通，但未能达成一致意见。鉴于环促会是出资方，同时出于对环促会负责人的尊重，村两委没有坚持按自身立场解决问题，但也失去了合作的积极性，对乐和家园项目渐生失望和排斥，从而分道扬镳。

> "要说有合作，我是怎么合作的呢？就是让我们和生态协会加

入乐和家园管委会，这就是合作呗，其他合作都是由环促会自己出面。也就是修房的时候生态协会可能参与了，其他就没有了。环促会起主导作用，村两委是一种表面上的，怎么说呢？我们根本就没有参与很多，说实话，老百姓根本就不清楚它在干什么。我们咋能清楚，我们村上更不清楚。你们刚才也提到一个三方联席或者说一种合作，什么叫合作？合作是建立在相互之间的一种信任基础上的，因为我们村两委代表的是老百姓的利益，乐和家园代表的是环促会的利益。这双方利益之间就有矛盾，我们村上现在没办法，但是必须谋划老百姓未来的发展和生存。要说合作，这方面的问题就大了。啥叫合作？说实话我来一年多了，我们没有跟他们合作过。我们村两委是不会放弃山上原址重建的老百姓的，无论是政府还是村支两委绝对不会放弃那一百户老百姓的，他们是我们 TJ 镇达村的老百姓，只要老百姓和我们站在一起也就没有什么好怕的了。这就不得不让他们转变一下做事方法。"（访谈资料编号：20101129-01-WPY）

三、与村生态协会的关系

(一)引导与合作：生态协会的诞生

为充分调动村民参与乐和家园建设的积极性，建立有效的村民参与机制，环促会引导乐和家园项目区(社区)居民成立了"达山生态协会"。它是 PZ 市第一个由村民组成的、以推动生态文明为宗旨的民间环保社团。达山生态协会设有会长、副会长、秘书长以及会计保管等职位，有自己的章程，并且在民政部门注册登记。社区精英担任了生态协会负责人和管理者，他们也是最早接受环促会生态重建理念的村民。

成立之初，达山生态协会认为乐和家园建设理念非常先进，如果能够借助环促会的影响力，以生态旅游为核心的生计项目是能够发展起来的，村民的增收致富也指日可待。基于这种认识，生态协会积极协助环促会向村民讲解乐和家园项目内容及其促进村民增收致富的途径，村民们慢慢接受了乐和家园建设目标，并提交申请书加入生态协会。值得一提的是，生态协会的宣传和讲解也是村民放弃统规统建或统规自建、转而选择原址重建的重要原因之一。

"这个也不是说是党委书记定的哈，这个也是有啥子原因呢？L会长说搞生态旅游，当时我们选这种，大家认为是L会长要搞生态旅游，对于当时我们的选择，也是，对个人我来说无所谓，不管你选择统建还是什么都是无所谓的事情。对大家来说，好像是认为，哎，L会长说要搞旅游嘛，我们就选择原址重建。你晓得老百姓也没想那么多，考虑那么多，一下就选了。说白了，大家认为L会长搞开发嘛，大家的思想就集中在那上面了。"（访谈资料编号：20101112-01-XEQ）

环促会与生态协会合作开展的第一项具体工作是房屋重建。环促会向大型基金会申请乐和家园社区房屋重建援助资金。申请成功后，环促会将资金打入生态协会账户，由生态协会统一向乐和家园社区居民发放。然后，环促会邀请工程师为乐和家园社区居民设计房屋。设计图纸完成后，生态协会邀请当地有建筑经验的村民与工程师一起讨论并修改设计图纸，最终设计出村民喜欢的房屋样式。在房屋重建过程中，环促会发挥引进外部资金和其他资源的优势，生态协会提供本土经验和人力资源，双方实现了优势互补。

（二）控制与依附：生态协会的蜕变

与村两委一样，生态协会与环促会在乐和家园建设过程中产生了一些分歧。这主要表现在产业发展路径、财务监管和双方角色定位三个方面。

在产业发展路径方面，尽管都赞同乐和家园建设理念和发展生态产业，但双方在发展策略上却出现不同意见。环促会在具体实施过程中同时启动生态旅游业、有机农业和创意手工业。生态协会则认为要先将资金重点投入旅游业配套设施建设当中，在旅游业发展起来以后再发展有机农业和创意手工业。按照生态协会一位负责人的观点，村民最希望看到的是项目能够实实在在地给大家带来收入。在旅游业没有发展起来的情况下发展有机农业和创意手工业成本很高，不但不能够促进村民增收，反而会亏损大量项目资金。同时，他还表示，环促会提出的以"集中管理、统一分配"的方式来发展"农家乐"，不利于整合资金和调动村民的参与积极性。

"我相信我们这搞旅游还是可以的，就是需要将所有共建的房子全力打造成规模之后，再做'农家乐'还是可以的。需要进一步的再进行投资，但是灾后，老百姓都把钱用于建房子、搞装修，基本上都要好几万元钱，这是很大的经费了。……它不允许每家每户做'农家乐'，得统一做。我想如果每家每户单独做的话，他们（村民）通过贷款，发展就会快些。但他们（环促会）采取集中管理、统一分配的方式。这就把你管死了，没有办法。"（访谈资料编号：20101127-01-HJW）

在财务监管方面，环促会除了把住房重建资金交由生态协会发放给村民外，其他项目资金都由自己的财务进行管理。在项目实施过程中，环促会没有如合约规定的那样同生态协会一起成立财务监督小组，共同监管财务。项目结束后，环促会也没有向生态协会公布项目资金使用状况。生态协会认为他们有权利监管财务，多次向环促会提出财务公开的要求，但没有得到环促会的答复。于是，生态协会开始怀疑环促会在实施项目过程中存在财务方面的问题。

"以前我走的时候就说，既然是三方联席制度，那么财务必须公开、透明……所有的项目投资都得公开，保证人们知道钱往哪里花了，怎么花的。既然合作了，就得有知情权，就得让村民知道，每一笔预算怎么走的。我走时都说好了要怎么做，现在没一项执行的。到现在……也是一笔糊涂账。"（访谈资料编号：20101128-01-YGL）

生态协会也有自己的会计和保管，但是，

"他们手里没东西，是空的，只是个架子，没什么意思。有没有都没必要了……生态协会和环促会之间的所有财务，以及乐和家园来的所有资金，生态协会都应该有知情的权利，对资金使用、分配的权利都应该知道，现在他们一无所知，什么都不知道。"（访谈资料编号：20101128-01-YGL）

在双方角色定位上，生态协会认为项目的规划、决策、实施以及监管都是由环促会主导的，生态协会主要是配合环促会实施项目。尽管乐和家园管理委员会也召开过三方联席会议，但生态协会提出的建议往往不被环促会采纳，以至于协会认为自己只是一个空架子，并没有行使三方协议所确定的权利。

生态协会一位领导人还表示，他们为乐和家园花费了很多精力，甚至因此导致家庭收入减少，但环促会未给予相应的报酬和补偿，这是不应该的。

由于环促会掌握着资金和相关资源，掌握着话语权，生态协会在与环促会发生冲突时处于弱势地位，因此，一些与环促会意见不一致的领导人辞职。

> "我无非就是有些事情看到了，点的你们中间有些人不大安逸啦！你不是喊我有事给你打电话，我给你打电话你好多时间听我的没有，你听都不听我给你打啥电话。我说你最信任的SG，你还说我说她不对，你看我还给你干个啥，工作上咋个弄？"（访谈资料编号：20101128-02-XSM）

环促会转而扶持那些更愿意合作的领导人，其与生态协会的关系逐渐蜕变为控制与依附的关系。

四、与村民的关系

(一)感激与响应：村民的第一次选择

灾后重建刚刚启动之时，后来纳入乐和家园项目区的达村农户本有选择统规统建或统规自建意向，借此机会搬迁到山下居住。

> "我们这个山村以前很穷的……都不愿意在山里面盖，就是为了下一代嘛！希望他们会好一点嘛！……大家就都选了这个'统规统建'。"（访谈资料编号：20101125-01-YBR）
> "地震后老百姓都要搬下山去，到TJ镇落户。但是我们也有顾虑，就是我们平均每家都有十几亩黄连，如果搬下山就得走十几里山路上山，很不方便。地震后国家出台五种重建政策：统规统建、统规自建、原址重建、维修加固和货币建设等。当时我们都填的是统规自建。"（访谈资料编号：20101128-02-XSM）

也正是村民对搬迁到山下去的"顾虑"使环促会看到了说服村民选择"原址重建"开展乐和家园项目的契机，于是，环促会推动召开村民会议，向村民分析异地搬迁的利弊。

"因为国家颁布五个（搬迁选择方式）条件吧，五个条件让老百姓选一条，然后这里的老百姓全部都选的'统规统建'。最后，（环促会）天天开会，一天开好几次，让大家留下来。环促会说：'你们选统规统建，搬迁下去吃什么？'我说：'我们可以回家种地嘛，回家种我们的地，每家有那么些地是最好的嘛！'有的说：'出去打工嘛！'环促会就说：'你打工，这儿地震后很多失业的，哪有那么多人有活干啊？如果留在山上，六七十岁的、五六十岁的，不管男女老少，都可以在乐和家园里打工。'"（访谈资料编号：20101125-01-YBR）

上山种地交通不便和进城务工维持生计困难的"顾虑"所形成的阻力与环促会承诺乐和家园项目促进增收的吸引力，让村民开始重新权衡和审视原址重建与统规统建或统规自建的利弊。

当时，村民反映留在山上出行不便，于是环促会向村民承诺将与政府沟通建设达村主线公路。在环促会的推动下，PZ市政府很快出资为达村修通了上山公路，方便了村民出行。村民看到环促会能够兑现协调政府修路的承诺，并通过媒体了解到该机构及其负责人的社会影响力，更加确信环促会有能力带来资金和相关资源，帮助他们增收致富，于是便决定原址重建，留在达山与环促会一起建设乐和家园。

"我媳妇是河北人，本来是走了就不想回来了。在山上住着没啥意思，路是很窄的路，尽是水和泥巴。不管拉个什么东西都运不到下面去。我们说好一点关键还是在于这条路。如果没有这条水泥路，那还不如到下面去住呢。有了这条水泥路我们这真的就不一样了。山上和山下就真的没什么区别了。山上还有一个好处就是农民嘛只要出门就能捞点东西回来。在下面如果没有工作，如果单位不是一个很大的企业，不像在开发区里有工作干，山上的总体发展是朝向生态旅游，你想想在山下你能得到什么，基本什么也得不到。随着年龄的增长，这些人都是四五十岁了，根本没有什么工作给他们干，你看吧，这些人会很难受的。什么物业管理费，这个费那个费一收，他们就难受了。至少在山上这些费不用担心。"（访谈资料编号：20101128-01-YGL）

"我们就说L会长吧！……她为什么那么大岁数，来我们这里干这个（乐和家园项目）？你们也看电视播的，她为大伙儿修路嘛！就是说她是为的什么呢，我们自己过，往后过舒服一点吧，大家也配合嘛！"（访谈资料编号：20101125-01-YBR）

此时，村民对环促会非常感激，颇为积极地响应环促会建设乐和家园的号召。

（二）冷漠与疏离：村民的第二次选择

在乐和家园项目初期，村民以极大的热情支持和响应环促会的工作，对未来发展充满了信心和希望。但随着项目实施，村民们不满意的地方越来越多。

乐和生计主要包括创意手工业、生态农业和生态旅游业。创意手工业是指绣制手绢。按照环促会的想法，这种手工绣制的手绢既包含丰富的人文价值，又可重复使用，具有低碳属性，因而是有市场的。然而实际情况是，环促会启动此项工作后，为参加绣制工作的妇女提供计件工资，她们的日工资大约在 20 元～40 元之间。当地主导产业黄连的种植和加工属于劳动密集型，遇到忙季时也经常有雇工现象，一般待遇为日工资 50 元，另提供膳食。这样，由于工资水平较低，妇女就没有绣制手绢的积极性，农忙时节尤其如此。

"你帮它（绣）一天 30 块钱左右，还不供伙食。我们后来就不去了。你看你帮村民挖黄连啊什么的，一天 50 块钱还管饭。供三顿饭。现在物价啊啥都涨了嘛，它的工价太低喽。你种黄连的话三年五年都有挖的，能赚钱，大家还是更喜欢种黄连，干农活。"（访谈资料编号：20101123-03-LGR）

更重要的是，尽管手工绣制品在理论上可卖出好价钱，且有市场潜力，但由于生态旅游业并未发展起来，市场营销工作也缺乏实绩，除了通过向克林顿、白岩松等名人赠送灾区妇女绣制的创意手绢并取得一定宣传效果外，乐和家园的创意手工业并未取得市场效益，手绢加工作坊在运营一段时间后由于无法盈利等原因陷于停顿。

> "他们搞了手工作坊,他们也花了很多钱买设备、材料什么的,同时,也动员我们的男同志到手绢生产过程中,你说现实么?另外,绣出来的产品,据他们内部的人说到现在还积压在他们的总部仓库里。"(访谈资料编号:20101129-03-LY)

生态农业是指建设有机农场和种植有机农作物。这项产业的发展涉及三个条件。一是有足够的农家肥,达到替代化学肥料的效果;二是有充足而廉价的劳动力,能以人工除草捉害虫,达到替代除草剂和农药的效果;三是有机产品能够卖出足够高的价钱,能够覆盖大量劳动投入的成本并有盈利空间。然而,实践结果表明,农家肥没法保障丰产需要,有机农业收成明显减少。虽然有机农产品市场销售价格相对较高,但高出幅度太大时并无足够的市场需求。

养出来的猪怎么销售呢?

> "随行情,按市场价格去卖。是,你想卖好多(钱)就卖好多(钱)。环促会说要卖给人家好多(钱),不过要卖好多(钱)得有人消费得起啊,所以她的说法不现实。所以我就先喂饲料后期就喂粮食了,尽量节省成本,提供得让大家都消费得起啊。"(访谈资料编号:20101124-01-HJF)

乐和家园的有机农场所愿意支付的工资调动不了村民参加劳动的积极性,无法正常经营,一些土地处于闲置荒废状态,另一些已经种植的作物除了项目管理人员打理之外,实际上处于自生自灭状态。

> "去年L会长放个屁,我们就能跑断气。现在说再多好话也拢不住人心喽!上面请我们挖黄连干一天五十元还管吃,但是在乐和家园干活一天三十元还不管吃,谁还愿意给乐和家园干活嘛。"(访谈资料编号:20101125-01-YBR)

生态旅游业是指依托达村山地自然生态,发展休闲养生旅游。但是,由于资金短缺,基础设施不完善,配套建设未跟上,除环促会利用自身影响力招揽过少量培训和考察休闲业务外，乐和家园的生态产业实际上也成为半拉子工程。

　　"现在大家都担心啦，虽然乐和家园不是一会儿半会儿就能够搞好的，但是肯定要起步，然后慢慢、慢慢地搞好。我们也在想旅游，旅游，旅游什么？看什么？玩儿什么？……比如说外面的人来了，必定要消费的，吃喝玩乐肯定要搞好一点，摆一些花花草草把房子里面搞好一些。但是 L 会长说就是没钱。没钱这又什么开发什么房子(公共建筑设施书院、农人会馆等)什么修太多了干嘛？你说百八十万修它干嘛？要修些实在的实惠的嘛！比如说夏天很热么，她说消费，消费肯定图个凉快，玩儿吧，看嘛！一点儿娱乐场所都没有，消费看什么玩儿什么呢？很多人给 L 会长的建议，(环促会)说没钱啊，没钱啊。我们老百姓只能靠我们自己，能有啥办法啊？靠你(环促会)那一丁点儿是吃不饱饭的，今年一人就分了六十六元钱能干啥？如果孩子不多还好一点，如果有孩子，在外面上学，每周星期五都要回来，星期天就要走，生活费都除外，车费起码要拿二十元。比如说我们没有找着二十元怎么拿钱啊？他要坐车嘛！"
(访谈资料编号：20101125-01-YBR)

　　乐和生态主要集中在房屋重建上。环促会给村民按照每人 4 850 元标准发放建房补助，尽管少于统规自建每人 8 000 元的补助标准，但是村民当初并无大的意见。在他们看来，如果旅游业能够发展起来，相应收入来源比一次性建房补贴更重要。但如前所述，旅游业未能像环促会所描绘的那样带来预期收益，村民开始抱怨起来，甚至后悔留在山上原址重建。

　　"大家祖祖辈辈都是山里的，经济不好，条件不好，全都往下面走，不管儿子女儿，都下山了。就我们这么大岁数的留在山里，所以我们总是考虑到以后，比如说没有经济来源，虽然门口的路通了，没钱怎么打车啊！大家就是想到这一点，如果这个乐和家园搞好了，有利于经济发展，大家都很满意，也很支持，很感动，大家也很配合。但是如果有一天这个乐和家园真的搞不起来，大家就很……"(访谈资料编号：20101125-01-YBR)

由此可见，尽管在继承传统民居风格基础上经科学改进后设计建成的纯木结构住房具有自然、美观、牢固、环保等优点，真实彰显了生态重建的意义，但村民们似乎"身在福中不知福"，崭新的房子并未留住他们的思绪和目光，倒是外部世界增收致富和改善生计的无限可能性引起了他们无尽的憧憬和向往。

乐和保健与乐和伦理是乐和家园项目中村民感觉最遥远的两项建设内容。乐和保健涉及以中医药文化为根的乡村诊所和养生保健操等，诊所因找不到愿意来此工作的医生而停顿，保健养生操引不起村民的兴趣。

"我认为是既然是卫生站，四个队只有280～290个人。你必须请一个专业的医生在这里，工资、待遇、医疗保险、养老保险什么的都要跟上。一年下来必须花很多钱的。所以，请一个专门的医生是请不起的。当然，当时的想法是好的。但是，农家乐、旅游都没有搞起来，没有这个环境资源啊。"（访谈资料编号：20101127-01-HJW）

至于养生保健操，

"老百姓好像不太感兴趣，以前大家都在一起做还可以，现在各做各家的就不太好了。"（访谈资料编号：20101112-02-LLS）

乐和伦理弘扬天人合一、物我相齐、人与群和、身与心谐等具有浓郁中国传统特色的价值观，只是并未能够在村民中扎下根来。有的村民还反映，由于环促会在生态协会及一些公共项目建设管理过程中扶持意见一致者，村民间关系变得不如项目实施前那样团结与和谐了。

当村民渐生对乐和家园的抱怨并想象未搬出而失去的发展空间时，环促会没有予以有效回应，转而抱怨村民不知道感恩。

"这几年好多人都不咋信她了。承诺了不实现也就没有人信了。我们给她提建议，她说我们不知感恩，不满足。说这个话，这些人就不想给她说啦！"（访谈资料编号：20101123-03-LGR）

在此背景下，村民开始自寻增收致富门道，对乐和家园渐失兴趣，趋于疏远和漠不关心。

> "就是从她那拿回那个钱（66 元分红），而人家统规统建都搞起来啦。我们都不信任（环促会）了，你说这点钱我们怎么过生活嘛，我们不靠我们自己努力怎么过嘛！不能光靠它（环促会）吧！光靠它是不行的，一大家子人家光靠它那点钱是不行的。"（访谈资料编号：20101125-01-YBR）

五、小结与讨论

（一）理想主义与现实主义：村庄重建与发展道路的选择

气候变暖、环境污染、生态退化已成为全球面临的共同挑战，环促会自成立以来即为应对这一挑战而呐喊与奔走，并形成了以东方智慧疗治西方文明顽疾的环保理想[①]。在汶川地震灾后大规模重建背景下，从应对环境挑战的角度出发，环促会提出生态重建理念无疑是正确和有远见的。然而，达村"乐和家园"生态重建的实践非但未能扎牢根基，村庄疏离和背弃之心倒是渐趋明朗。

环促会在达村就像一个理想主义者。它树立了一个远大崇高的目标，描绘了一幅人与自然和谐、心与物相融的生活蓝图，并假定这就是每个人真正想要的世界。达村村民及其组织则有些像现实主义者。他们接纳生态重建的理念，但首先追求恢复和改善当下的生计，希望收入更多一些，物质生活更富裕一些。

问题在于，人与自然能够和谐相处吗？特别是，当更大范围的国家和国际社会仍处于人与自然之间的巨大张力中且为应对气候变化而争吵不休的情况下，一个落后但已经深深卷入现代市场体系的村庄，能够率先摒弃现代社会主流发展模式并转而引领这个世界吗？这个村庄能够创造和支撑一个庞大坚实的意义体系并抗拒、改造主流世界吗？倘若这些问题的答案不那么肯定，那么环促会在达村的生态重建实践遭遇困境就

---

① 廖晓义主编：《东张西望：廖晓义与中外哲人聊环保药方》，三辰影库音像出版社，2010 年版，第 293～300 页。

不值得奇怪。

进一步的问题在于，在一个存在鲜明分化的现代社会中，处于社会底层的村民优先追求改善生计和脱贫致富是正当的吗？倘若答案是肯定的，我们就不能用"短视"及类似词语来评论或批评村民及其组织，毕竟连"现代病"更明显的中心城市在倡导低碳生活方面也仅取得极为有限的成绩。就此而言，环促会在达村面临困境，责不在村庄，而在其自身。实际上，达村和环促会一样，希望既能够恢复和改善生计条件，又能够走低碳发展之路。不一样的是，当生计改善变成海市蜃楼之时，村民们不大可能为"乐和家园"而坚持，环促会却愿意继续捍卫理想。

毋庸置疑，工业革命以来的西方文明需要大力批判和反思，中国农村发展有必要从这种批判和反思中获取智慧。然而，简单想象传统和落后的农村反而更容易走上生态发展之路，则不免带有乌托邦色彩。如果说现实主义可能导致短视，那么，脱离现实就一定会陷入困境。缺乏理想，人类会缺少激情和灵性，但理想主义却时常给世间造成悲剧。灾区农村重建乃至整个中国农村发展不能失去理想，但首先须立足于农户的现实需求。

(二)救世主还是分担者：民间组织参与村庄重建与发展的角色和作用

中国是一个具有深厚理想主义传统的国度，"内圣外王"和"大同社会"的理想上下绵延数千年而不辍。20世纪20年代至30年代，一大批仁人志士(包括受过西方教育的知识分子)抱着这种理想走上了救治农村、救治中国的道路，乡村改造运动以多种具体形态登上历史舞台。80年过去了，仍有一大批社会精英为改造中国乡村而奔走呐喊。前后80年，变异之处颇多，但有一点没有变，那就是这些人的"圣人"理想和救世情结[①]。

有人说，2008年是中国公民社会和志愿行动元年，汶川地震结束了关于中国到底有没有公民社会的争论[②]。情形果真如此吗？笔者认为，中国公民社会成长的一些条件确实处在孕育和生成过程之中，但汶川地震紧急救援和灾后重建中涌现的很多志愿行动仍然带有鲜明的传统印记，一些参与其中的民间组织仍依赖奇里斯玛型权威获取资源和开展

---

① 陆汉文等：《赋权与减贫制度创新》，亚洲开发银行研究报告，2009年，第1～5页。
② 萧延中等：《多难兴邦：汶川地震见证中国公民社会的成长》，北京大学出版社，2009年版，序言及第10页。

活动，是传统"内圣外王"理想的延续。环促会在达村的生态重建实践就表明了这一点。

不论是与村两委、村生态协会的关系，还是与村民的关系，环促会都更像一个"外部权威"。它在村庄宣扬自己的重建主张和蓝图，说服村庄将这些主张和蓝图当做"好的"，动员甚至要求村庄配合自己开展活动。这不是伙伴关系，而是权威（权力）与服从的关系。这种不平等关系本身起初并没有引起村庄抵制，但当村民和村级组织的意愿和权利得不到有效表达和照顾时，问题就出现了，"乐和家园"生态重建项目逐渐变异为环促会的独角戏，"外部权威"失去了社区认同。

在健全的公民社会中，公民权利和责任是社会关系和秩序的基础①。发展领域的民间组织不是救世主，而是公民权利和责任的促进者，是发展之痛的分担者。尽管"参与式发展"、"赋权式扶贫"被广泛视作汶川地震灾后重建和整个中国农村发展实践的基本理念，然而即使是高扬"参与"和"赋权"大旗的民间组织，也时常以"外部权威"的角色君临村庄。而在村庄农户能够得到实际利益时，他们实际上也很愿意接纳这样的"外部权威"。在这里，中国传统文化的逻辑而非公民社会的逻辑发生着更大的作用。

参考文献

[1]张强，余晓敏. NGO 参与汶川地震灾后重建研究[M]. 北京：北京大学出版社，2009.

[2]廖晓义. 东张西望：廖晓义与中外哲人聊环保药方[M]. 北京：三辰影库音像出版社，2010.

[3]陆汉文，等. 赋权与减贫制度创新[C]. 亚洲开发银行研究报告，2009.

[4]萧延中，等. 多难兴邦：汶川地震见证中国公民社会的成长[M]. 北京：北京大学出版社，2009.

[5][英]特纳. 公民身份与社会理论[M]. 长春：吉林出版集团有限责任公司，2007.

---

① [英]特纳：《公民身份与社会理论》，吉林出版集团有限责任公司，2007 年版，第163～186 页。

家庭禀赋对农户灾害风险应对能力的影响分析*

——基于四川、重庆、贵州三地39个少数民族贫困县的调查

庄天慧　　张海霞

【摘　要】　本文基于对四川、贵州、重庆共39个国家级民族贫困县923个样本农户的调查，运用有序Probit分析了影响农户灾害风险应对能力的家庭禀赋，分析表明：农户家庭成员经历、家庭耕地面积、到最近县城所需的最短时间和家庭住房面积等体现出的农户家庭经济实力，以及反映农户所处经济环境的村级人均收入水平、村级资源状况、村级经济组织状况等指标，对农户的灾害风险应对能力有显著影响。在此基础上，指出了反贫困和灾害风险管理有机结合对少数民族地区农户风险应对能力建设的有效途径。同时，提出了增加少数民族地区农户非农就业培训、增加对少数民族地区农业大户的技术扶持和金融保险投入、积极发展贫困地区村级经济等政策建议。

【关键词】　家庭禀赋　少数民族地区　农户　灾害风险　应对能力

一、引言

进入21世纪以来，自然灾害频繁，突发性灾害增加，2008年"5·12"四川汶川大地震、2009年7月以来西南地区遭遇严重旱情、2010年4月14日青海省玉树地震等，主要受灾地区多为少数民族地区，而农

---

*　本文得到国家社会科学基金西部项目"西南少数民族地区贫困县贫困和反贫困的调查和评估"（项目号：09XM008）和四川省教育厅重点项目"四川省少数民族地区农户贫困的脆弱性研究"（项目号：09SA029）以及四川农业大学"211工程三期项目"的资助，特表感谢。

庄天慧，四川农业大学经济管理学院教授；张海霞，四川农业大学经济管理学院教师。

村地区又是重灾区。自然灾害严重制约了少数民族地区的经济发展和社会稳定。加之，目前我国少数民族地区自然灾害的危机意识、应对灾害能力、灾害承受力比较薄弱，风险管理方式又多以政府行政主导为主，农户作为应对风险的主体作用并未得到足够重视[①]。现有的防灾应灾体系主要是集中在政府的灾害应对能力建设，对受灾主体——农户的灾害应对能力建设没有给予足够重视。在灾害日益频发的现实背景下，农户作为最基本的生产单元和受灾主体，家庭禀赋对农户灾害风险应对能力有何影响？影响程度如何？决定因素是什么？探讨这些问题，对于完善少数民族地区灾害管理体系，加强农户灾害应对能力建设具有很强的现实性。

二、文献回顾

在关于灾害风险管理的研究方面，家庭和社区利用各种资源应对自然灾害的贡献正日益得到重视。一些学者对家庭及个人参与风险管理的认知和意愿进行了研究[②]。20 世纪 80 年代末，Anderson 和 Woodrow 强调在制定和灾害相关的防治措施的时候，甄别社会已经存在的应对能力的必要性。此后，应对能力逐渐被认为是农户或社区脆弱性水平及其风险管理的关键因素。Mahmud Yesuf and Randall A. Bluffstone[③] 认为，包括收入水平、贷款申请难易程度、劳动力市场发育程度等在内的家庭外部环境对农户提高风险应对能力非常重要。Anderson and Woodrow[④]认为物质资源、社会组织结构、动机和态度因素是影响风

---

① 王生华、马丽：《试论我国民族地区农业自然灾害预防与救助机制的构建》，《农业经济》，2008 年第 6 期。

② Joost M. E., Pennings and Grossman, *Responding to Crises and Disasters: the Role of Risk Attitudes and Risk Perceptions*. Disasters, 32(3), 2008. pp. 434-448; Teun Terpstra & Jan M. Gutteling, *Households' Perceived Responsibilities in Flood Risk Management in the Netherlands*. Water Resources Development, 4(24), 2008. pp. 555-565; Anwen Jones, Marja Elsinga, Deborah Quilgars, & Janneke Toussaint, *Home Owners' Perceptions of and Responses to Risk*. European Journal of Housing Policy, 2(7), 2007. pp. 129-150.

③ Mahmud Yesuf and Randall A. Bluffstone, *Poverty, Risk Aversion, AND Path Dependence in Low-Income Countries: Experimental Evidence From ETHIOPIA*. Amer. J. Agr. Econ., 91(4), 2009. pp. 1022-1037.

④ Anderson M. B. and Woodrow P. J., *Rising from the Ashes: Development Strategies in times of Disaster*. London: Intermediate Technology Publications. 1998.

险应对能力的主要因素。Morrow [①]认为包括个人禀赋(如文化程度)、家庭和社会资源(包括家庭社会网络等)、政治资源(包括权利和民主性)等经济和物质资源对风险应对能力影响较大。Roger Few[②]认为先进技术的掌握有助于个人成功应对逆境和争取机会。Michael K. Lindell and Seong Nam Hwang[③]通过研究认为灾害经历、性别、收入、风险信息的获取和民族等是影响个人风险感知的重要因素,对家庭的灾害风险应对能力有影响。Takashi Kurosaki[④]通过评估家庭应对收入变动的能力发现,对于收入负面变动应对能力较低的家庭主要是老年人口比重较大的、土地少且不能定期得到救助的家庭。

我国很多学者对农户的风险应对行为和应对策略进行了研究。徐锋[⑤]以农户内部具有有效的风险防范和处理机制为分析前提,讨论了农户家庭经济风险的处理方法。丁士军、陈传波[⑥]将农户的风险处理策略归纳为"事前"风险防范策略和"事后"风险防范策略。钱贵霞、中本和夫[⑦]利用线性规划法建立了农业经营计划模型,对农户农业经营计划和减轻与分散风险问题进行了研究。随着对农户风险管理研究的深入,农户的自然灾害风险管理也开始得到关注。万金红等[⑧]利用农业收入多样性分析方法对农户的旱灾恢复力进行了研究。帅红等[⑨]在洪涝灾害风险

---

① Morrow B. H., *Identifying and Mapping Community Vulnerability*. Disasters, 23 (1), 1999. pp. 1-18.

② Roger Few. *Flooding, Vulnerability and Coping Strategies: Local Responses to a Global Threat South Bank University*, London, UK. Progress in Development Studies, 3(1), 2003. pp. 43-58.

③ Michael K. Lindell and Seong Nam Hwang., *Households' Perceived Personal Risk and Responses in a Multihazard Environment*. Risk Analysis, 2(28), 2008. pp. 539-556.

④ Takashi Kurosaki, *Consumption Vulnerability to Risk in Rural Pakistan*. Journal of Development Studies, 1(42), 2006. pp. 70-89.

⑤ 徐锋:《农户家庭经济风险的处理》,《农业技术经济》,2000 年第 6 期。

⑥ 丁士军、陈传波:《农户风险处理策略分析》,《农业现代化研究》,2001 年第 11 期;陈传波、丁士军:《对农户风险及其处理策略的分析》,《中国农村经济》,2003 年第 11 期;陈传波:《农户风险与脆弱性:一个分析框架及贫困地区的经验》,《农业经济问题》,2005 年第 8 期;陈传波:《中国农户的非正规风险分担实证研究》,《农业经济问题》,2007 年第 6 期。

⑦ 钱贵霞、中本和夫:《基于风险的农户生产经营决策:以黑龙江水稻种植户为例》,《北京农学院学报》,2008 年第 1 期。

⑧ 万金红、王静爱、刘珍等:《从收入多样性的视角看农户的旱灾恢复力——以内蒙古兴和县为例》,《自然灾害学报》,2008 年第 2 期。

⑨ 帅红、刘春平、王慧彦:《洞庭湖区农户洪涝灾害脆弱性评价》,《自然灾害学报》,2009 年第 6 期。

研究的基础上，分析和评价了湖南省洞庭湖区农户对洪涝灾害的脆弱性空间分布规律。程承坪[①]等分析了农户的风险管理原则和策略，剖析了农户对政府提供的政策性农业保险等风险管理工具的行为反应模式。周洪建等[②]应用数学统计方法重点分析了土地利用、农户经济、文化素质状况等因素与农业旱灾承灾体恢复力的关系。谢永刚等[③]结合灾害经济学的相关理论，采用实证分析方法，从农民收入、家庭财产损失、人员伤亡、灾后负债等方面分析了自然灾害对农户经济的影响和农户的承灾能力。陈玉萍[④]等利用一组南方省份农户和政府部门的访谈资料，分析了南方干旱及其对水稻生产的影响，考察了农户和政府对水稻干旱的处理策略。

比较少的文献对少数民族地区的自然灾害进行了专门研究。荣宁[⑤]通过对 1949 年—1988 年 40 年间的西部少数民族地区自然灾害的研究，发现旱灾和雪灾对西部少数民族地区影响最大。王生华、马丽[⑥]讨论了我国少数民族地区农业自然灾害预防与救助机制的构建，提出政府应该积极主动地研究和经营农牧业的风险市场，用市场化的手段筹措自然灾害的救济资金和资源。夏建新[⑦]等提出了自然灾害对社会经济和生态环境系统影响的评估指标体系，并给出了自然灾害胁迫下的少数民族地区可持续发展评估模型。哈雨狄[⑧]以"民族自治地方政府应对自然灾害管理能力研究"为题的学位论文，结合危机管理理论，从政府的视角分析

① 程承坪、刘素春：《基于农户视角的农业风险管理策略研究》，《当代经济管理》，2008 年第 11 期。

② 周洪建、王静、贾慧聪等：《农业旱灾承灾体恢复力的影响因素——基于野外土地利用测量与入户调查》，《长江流域资源与环境》，2009 年第 1 期。

③ 谢永刚、袁丽丽、孙亚男：《自然灾害对农户经济的影响及农户承灾力分析》，《自然灾害学报》，2007 年第 12 期。

④ 陈玉萍、李哲、丁士军：《南方水稻干旱和政府的处理策略分析》，《农业经济问题》，2006 第 12 期。

⑤ 荣宁：《建国 40 年来西部民族地区自然灾害的初步研究》，《青海民族研究》，2007 年第 4 期。

⑥ 王生华、马丽：《试论我国民族地区农业的自然灾害预防与救助机制的构建》，《农业经济》，2008 年第 6 期。

⑦ 夏建新、任华堂、吴燕红：《自然灾害胁迫下少数民族地区可持续发展评估模型》，《中央民族大学学报》（自然科学版），2008 年第 4 期。

⑧ 哈雨狄：《民族自治地方政府应对自然灾害管理能力研究》，中央民族大学 2009 年硕士论文。

当前少数民族自治地方自然灾害应对的经验教训和应对过程中暴露出来的问题。

综述已有文献，国内外学者对农户灾害风险应对的研究多集中在风险应对行为和应对策略的研究，对农户灾害风险应对能力的专门研究比较少；对于少数民族地区农户的风险应对研究较少，已有的关于少数民族地区灾害风险管理的研究多是从政府或市场的宏观视角来考虑灾害风险管理，对风险应对主体之一的农户缺乏应有的关注。本文利用四川、贵州、重庆三省(市)少数民族贫困县的农户问卷调查资料，从农户内部的微观视角出发，研究农户家庭禀赋对农户灾害风险应对能力的影响，旨在寻找哪些家庭禀赋是影响农户灾害风险应对能力最显著的因素，不同的家庭禀赋对农户的风险应对能力的影响有什么不同；为提高少数民族地区农户灾害风险应对能力提供参考依据。

三、研究假说与理论模型

(一)研究假说

提高农户的灾害风险应对能力是防灾减灾的有效途径。从综述国内外相关研究可以看出，影响农户风险应对能力的因素包括经济物质基础(收入、土地等)、家庭社会网络、家庭成员对灾害的认知和参与意愿、灾害经历、民族、家庭结构、救助政策等。农户作为农村最基本的生产与消费单位，农户资源禀赋及家庭特征构成农户的风险处理潜在能力[①]。农户灾害风险应对能力在微观层面主要受家庭禀赋的影响。家庭禀赋是指农户家庭成员及整个家庭所拥有的包括天然所有的及其后天所获得的资源和能力[②]，具体包括成员健康状况、受教育程度、个人经历、社会网络、资源可得性和家庭经营规模、地理位置、经济环境等。结合笔者的实际调查，提出如下假说：

假说一：户主民族类型、农户家庭的成员构成、成员健康状况、文化程度及其经历等家庭成员特征对农户的灾害风险应对能力有影响。

家庭成员禀赋是家庭中最重要的资源，是农户灾害风险应对能力最重要的物质基础。家庭成员健康状况越好，在面对自然风险时可以有更

---

① 陈传波：《中国小农户的风险及风险管理研究》，华中农业大学 2004 年博士学位论文。
② 孔祥智、方松海、庞晓鹏等：《西部地区农户禀赋对农业技术采纳的影响分析》，《经济研究》，2004 年第 12 期。

多的能力进行自救和灾后重建，减少灾害损失；成员的文化程度越高，对灾害风险的认知和积极参与灾害风险管理能力越强；成员的经历越丰富，见多识广，就业途径相对要多，遇到灾害时可以寻找到更多的求助途径，风险应对能力可能相对要强；不同民族具有的特定历史文化传统等影响户主及家庭成员对灾害风险的认知和应对行为，对家庭的灾害风险应对能力有影响。在此具体通过"户主民族类型"、"家庭结构"、"家庭健康人口比例"、"家中文盲人口比例"、"家中外出务工人数"、"家中是否有人担任乡村干部"、"家中当年是否有人接受技能培训"共 7 个指标来反映农户的家庭成员禀赋。

假说二：农户的经营规模、地理位置和经济状况对农户的灾害风险应对能力有影响。

农户的经济能力是农户各种能力中最重要的能力，直接影响着农户的风险应对能力。丁士军、Sarah Cook[1] 认为家庭耕地仍然是农户创造收入和家庭保障的重要手段；陈传波等[2]对农户应对风险策略的实证研究显示，利用储蓄与借款、减少开支等是农户应付大额支出和经济困难的首要选择，外出务工也是农户规避风险的重要途径。农户的经营规模越大，其经济实力可能更强，应对灾害风险能力也应更强，也可能因为经营规模大面临的风险更大，在遇到灾害时会遭受更大的损失；农户的地理位置越便捷，更容易获得各种市场信息和科技信息，在遭受灾害时也更容易得到救助，风险应对能力可能更强；农户的经济状况越好，在遭遇风险时可能动用更多的储蓄来解决一时困难，也可能因为有更好的还款预期而得到借款，对农户的灾害风险应对能力应该有明显的积极作用。本文具体通过"家庭耕地面积"、"到最近县城所需要的最短时间"、"家庭住房面积"、"当年家庭总收入"共 4 个指标来反映。

假说三：农户所处的技术环境、经济环境、社会环境对农户的灾害风险应对能力有影响。

农户的环境禀赋是其天然所有的重要资源，也是其后天获得其他资

① 丁士军、Sarah Cook：《农户资源与家庭保障——来自湖北农户调查的统计分析》，《农业经济问题》，2000 年第 1 期。

② 陈传波、丁士军：《对农户风险及其处理策略的分析》，《中国农村经济》，2003 年第 11 期。

源和能力的重要基础。农户所处的环境对于多数世代务农的农户来说，选择性较小，也是农户所拥有的重要禀赋之一。农户所处的技术环境越好，能更容易采用技术手段防御风险，降低灾害损失；农户所处的经济环境越好，其就业和增加收入都会相对容易；农户所处的社会环境越好，在遭遇自然灾害后更容易得到邻里间的帮助，共渡难关。本文主要通过"本村当年是否举行过技术培训"、"村级人均收入水平"、"本村是否有(水电、矿产、旅游)资源中的一项或几项"、"本村是否有专业合作经济组织"、"对村干部的满意度"、"对邻里关系的满意度"共 6 个指标来反映。

(二)理论模型

本文因变量选择农户应对自然灾害风险的能力，按照李克特量表(Likert Scale)将农户的灾害风险应对能力划分为五个层次：很弱、较弱、一般、较强、很强。由于因变量属于多分类有序变量，且自变量以离散型数据为主，故采用概率模型的估计方法。用有序 Probit 模型处理多类别离散数据是近年来应用较广的一种方法。有序 Probit 概率模型的数学表达式参见 William[①]。

由于实际观测到的 y 为离散变量，故不能直接采用线性估计模型，假定存在一个依赖于解释变量 x 的理论连续指标 y^φ。y^φ 为不可观测变量，它是 y 的映射，并且符合普通最小二乘法的条件。因此，我们可以记

$$y^\varphi = \beta' x + \varepsilon_i, i = 1, 2, \cdots, n$$

式中 β' 代表参数向量，$\varepsilon_i \sim N(0, \sigma^2 I)$，即观测样本相互独立且具有正态误差。本文进一步假定存在着分界点 μ_1、μ_2、μ_3，分别表示农户自然灾害风险应对能力大小的未知分割点，且存在 $1 < \mu_1 < \mu_2 < \mu_3$，即：

$$y_i = \begin{cases} 5; if, y_i^* > \mu_3 & \text{应对能力很强} \\ 4; if, \mu_2 < y_i^* \leq \mu_3 & \text{应对能力较强} \\ 3; if, \mu_1 < y_i^* \leq \mu_2 & \text{应对能力一般} \\ 2; if, 1 < y_i^* \leq \mu_1 & \text{应对能力较弱} \\ 1; if, y_i^* \leq 1 & \text{应对能力很弱} \end{cases}$$

$y = 1, 2, \cdots, 5$ 的概率分别为：

---

① 威廉 H. 格林：《计量经济分析(第四版)》，清华大学出版社，2001 年版。

Prob. $(y = 1 \mid x) = \Phi(-\beta' x)$

Prob. $(y = 2 \mid x) = \Phi(\mu_1 - \beta' x) - \Phi(-\beta' x)$

Prob. $(y = 3 \mid x) = \Phi(\mu_2 - \beta' x) - \Phi(\mu_1 - \beta' x)$

Prob. $(y = 4 \mid x) = \Phi(\mu_3 - \beta' x) - \Phi(\mu_2 - \beta' x)$

Prob. $(y = 5 \mid x) = 1 - \Phi(\mu_3 - \beta' x)$

Φ 为标准正态分布的累积密度函数。与一般 Probit 模型一样,有序 Probit 模型的参数估计采用极大似然估计法(maximum likelihood method)。但自变量 x 对概率的边际影响并不等于系数 β,对于这一概率,自变量变化的边际效应为:

$$\frac{\partial \text{ Prob.} (y = 1)}{\partial x} = -\varphi(-\beta' x)\beta'$$

$$\frac{\partial \text{ Prob.} (y = 2)}{\partial x} = [\varphi(-\beta' x) - \varphi(\mu_1 - \beta' x)]\beta'$$

$$\cdots$$

$$\frac{\partial \text{ Prob.} (y = 5)}{\partial x} = \varphi(\mu_3 - \beta' x)\beta'$$

由此可见,Prob. $(y = 1)$ 的导数明显与系数 β 有相反的符号,而 Prob. $(y = 5)$ 的导数与 β 的符号一致,Prob. $(y = 2)$ 的导数与 β 之间的关系不能确定,取决于 $\varphi(-\beta' x)$ 与 $\varphi(\mu_1 - \beta' x)$ 的大小;Prob. $(y = 3)$ 和 Prob. $(y = 4)$ 同理[①]。

本文的基本模型可设定如下:农户的自然灾害风险应对能力 = F(农户家庭成员特征,农户家庭经济能力特征,农户所处环境特征)+随机扰动项。

四、数据来源及变量设定

(一)数据来源

本研究所使用的数据是由课题组于 2009 年 12 月至 2010 年 3 月,主要采取"概率与规模成比例抽样"(PPS)方法,以县为初级抽样单位,在四川、贵州、重庆的 39 个少数民族国家扶贫重点县调查所得,占西南少数民族国家扶贫重点县的 34.8%。

---

① 威廉 H. 格林:《计量经济分析(第四版)》,清华大学出版社,2001 年版。

本次共调查了四川、贵州、重庆二省一市下属的 39 个县的 104 个乡镇、160 个村的 923 户农户。为了保证调查质量,笔者对问卷内容进行了预调查并加以修改完善,正式调查时采取调查员招募的方式,由课题组通过四川农业大学、贵州大学、阿坝师专招募家乡处于调研区域的在校高年级学生,进行集中培训并考核合格后,由调查员在寒假期间,将问卷带回家乡,在每个乡镇选取一个村,在每个村不定量随机选取农户,开展入户调查,调查结束后对问卷进行集中检验。共发放 1 115 份问卷,回收有效调查问卷 923 份,有效率为 82.78%。

调查结果显示,仅有 12% 的农户在遭受自然灾害风险时应对能力较强,26% 的农户对自然灾害风险的应对能力一般,62% 的农户自然灾害风险应对能力比较弱。可见,在少数民族贫困地区,农户对自然灾害风险的应对能力普遍较弱,需要进一步提升其风险应对能力。

(二)变量设定

对农户灾害风险应对能力的影响因素很多,本文主要分析家庭禀赋对农户灾害风险应对能力的影响。依据前人的研究和本文的研究假说,结合实地调查情况,本文从家庭成员禀赋、家庭经济能力禀赋、家庭环境禀赋设定影响农户灾害风险应对能力的家庭禀赋变量。农户的灾害应对能力,是指农户因各种社会经济因素制约造成的易于遭受自然灾害损失和影响的性质,它反映农户对农业自然灾害的应对、缓冲、抗御和恢复能力的差异,承灾能力的高低变化受到与农户生活、生产和经营有关的一系列社会经济因素的影响[①]。基于此,本文主要通过自然灾害对农户生产生活的影响程度来衡量农户的灾害风险应对能力。按照李克特量表(Likert Scale)将自然灾害对农户生产生活的影响程度划为五个层次:很弱、较弱、一般、较强、很强。对应此,农户的灾害风险应对能力的等级也划分为五个层次,即很强、较强、一般、较弱、很弱。即农户的生产生活受自然灾害的影响程度越强,农户的灾害风险应对能力就越弱,反之,自然灾害对农户生产生活的影响越弱,表明农户的灾害应对能力就越强。自然灾害对农户生产生活的影响程度通过农户问卷调查取得。模型变量说明及统计性描述如表 1 所示。

---

① 谢永刚、袁丽丽、孙亚男:《自然灾害对农户经济的影响及农户承灾力分析》,《自然灾害学报》,2007 年第 12 期。

表1　模型变量说明及统计性描述

变量名称	变量定义	均值	标准差
因变量：			
农户的自然灾害风险应对能力(y)	1＝很弱；2＝较弱；3＝一般；4＝较强；5＝很强	2.336	0.965
自变量：			
1．成员禀赋			
户主是否是少数民族(x_1)	0＝否；1＝是	0.560	0.497
家庭结构(x_2)			
夫妇与两个孩子	0＝其他；1＝夫妇与两个孩子（对比组）	0.305	0.461
夫妇与一个孩子	0＝其他；1＝夫妇与一个孩子	0.121	0.327
夫妇与三个及以上孩子	0＝其他；1＝夫妇与三个及以上孩子	0.185	0.389
夫妇、孩子、父母三代同堂	0＝其他；1＝夫妇、孩子、父母三代同堂	0.251	0.434
无孩子或单亲家庭	0＝其他；1＝无孩子或单亲家庭	0.138	0.345
家庭健康人口比例(x_3)	实际观测值（家中完全健康的人口数/家庭人口总数）	0.676	0.415
家庭文盲人口比例(x_4)	实际观测值（家中文盲人口数/家庭人口总数）	0.220	0.282
家中外出务工人数(x_5)	实际观测值	1.810	1.038
家中是否有人曾经或者正在担任乡村干部(x_6)	0＝否；1＝是	0.107	0.309
家中当年是否有人接受技能培训(x_7)	0＝否；1＝是	0.228	0.419
2．家庭经济能力禀赋			
家庭耕地面积(x_8)	实际观测值（亩）	5.758	8.393
到最近集市所需要的最短时间(x_9)	实际观测值（小时）	0.872	0.762

变量名称	变量定义	均值	标准差
家庭住房面积(x_{10})	实际观测值（平方米）	119.66	71.44
当年家庭总收入(x_{11})	实际观测值（元）	10 151.51	11 808.22
3. 环境禀赋			
技术环境			
本村当年是否举行过技术培训(x_{12})	0＝否；1＝是	0.271	0.445
经济环境			
村级人均收入水平(x_{13})	实际观测值（元）	1 661	1 301.2
本村是否有（水电、矿产、旅游）资源中的一项或几项(x_{14})	0＝否；1＝是	0.476	0.499
本村是否有专业合作经济组织(x_{15})	0＝否；1＝是	0.113	0.316
社会环境			
对村干部的满意度(x_{16})	1＝很不满意；2＝较不满意；3＝一般；4＝比较满意；5＝非常满意	3.706	0.995
对邻里关系的满意度(x_{17})	1＝很不满意；2＝较不满意；3＝一般；4＝比较满意；5＝非常满意	3.002	0.802

五、模型估计与结果分析

(一)样本描述性分析

被调查的 923 户有效农户问卷显示，户均常住人口 4.4 人，户均劳动力 2.53 个，户均健康人口 2.88 人，户均外出务工人数 1.8 人，其受教育程度如表 2 所示。家庭结构分布如表 3 所示。在被调查的农户中，3.14％农户的家庭住房结构为竹草屋，37.7％农户住房为土坯房，4.23％农户住房为石木结构，44.53％农户住房为砖木结构，10.4％农户住房为钢筋混凝土结构，可见，在少数民族贫困地区，农户家庭成员受教育程度较低，农户的住房结构主要还是土坯房和砖木结构。

表2　被调查农户常住人口受教育情况

受教育程度 分布	文盲	3年以下	3～6年	6～9年	9～12年	12年以上
所占比例/%	23.30	14.28	20.75	23.14	9.48	9.05

表3　被调查农户家庭结构分布

家庭结构　　分布	户数	所占比例/%
单身或夫妇	54	5.85
夫妇与一个孩子	112	12.13
夫妇与两个孩子	283	30.66
夫妇与三个及以上孩子	171	18.53
单亲与孩子	42	4.55
夫妇与父母	30	3.25
夫妇、孩子、父母三代同堂	231	25.03
合计	923	100

(二)模型估计

本文利用stata10.0统计软件,对数据进行有序Probit回归处理,得到以下回归系数及检验结果(见表4)。由表4可知,对数似然比统计量为$-1\,167.99$,$LR\,chi2(n)$为119.702,对数似然比检验的显著性水平$p=0.000<0.05$,说明模型总体拟合效果较好。

表4　家庭禀赋对农户灾害风险应对能力的有序Probit回归结果

解释变量	系数	Z值	P值
1. 成员禀赋			
户主是否是少数民族(x_1)	-0.004	-0.051	0.959
家庭结构(x_2)			
夫妇与一个孩子	0.016	0.135	0.892
夫妇与三个及以上孩子	0.163	1.513	0.130
夫妇、孩子、父母三代同堂	-0.086	-0.878	0.380
无孩子或单亲家庭	0.165	1.423	0.155
家庭健康人口比例(x_3)	-0.099	-1.089	0.276

67

解释变量	系数	Z 值	P 值
家中文盲人口比例(x_4)	0.105	0.778	0.437
家中外出务工人数(x_5)	0.045	1.293	0.196
家中是否有人曾经或正在担任乡村干部(x_6)	0.305 **	2.524	0.012
家中当年是否有人接受技能培训(x_7)	0.096 *	1.072	0.084
2. 经济能力禀赋			
家庭耕地面积(x_8)	−0.018 ***	−3.406	0.001
到最近县城所需要的最短时间(x_9)	−0.213 ***	−6.104	0
家庭住房面积(x_{10})	0.001 *	1.656	0.099
Ln 当年家庭总收入(x_{11})	0.187 ***	4.468	0
3. 环境禀赋			
本村当年是否举行过技术培训(x_{12})	0.013	0.139	0.889
Ln 村级人均收入水平(x_{13})	0.085 ***	1.568	0.003
本村是否有(水电、矿产、旅游)资源中的一项或几项(x_{14})	0.363 ***	4.540	0
本村是否有专业合作经济组织(x_{15})	−0.273 **	−2.008	0.045
对村干部的满意度(x_{16})	−0.015	−0.396	0.692
对邻里关系的满意度(x_{17})	0.039	0.882	0.411
对数似然比 Log *likelihood*			−1 167.99
伪判决系数 Pseudo R2			0.049
LR chi2(17)			119.702
Prob>*chi2*			0.000

注：***、**和 * 分别表示在为 1％、5％和 10％的水平上显著。

(三)结果分析

根据理论分析可知，若解释变量系数为正，表明各变量值的增加使农户应对灾害风险能力"很强"的概率增加，而应对能力"很弱"的概率下降；若系数为负，则反之。对各影响因素的具体分析如下：

1. 成员禀赋对农户灾害风险应对能力的影响

从调查结果来看，成员禀赋中反映农户经历的变量对农户的灾害风险应对能力有比较显著的影响。具体是家中是否有人担任乡村干部以及家中当年是否有人接受技能培训。这与现实情况基本吻合，农户中有人担任乡村干部，其社会资源较其他农户可能会更丰富，在遭遇风险后会有更多的应对办法和应对途径，灾害风险的应对能力相对较强；当年有人接受技能培训的家庭，较其他农户，其灾害风险应对能力可能更强。以 2009 年—2010 年的西南旱灾为例，在贵州遵义县，通过推广"旱育浅植"法育苗，当地遭遇旱灾的少数民族村民得以抗旱保春耕，降低了旱灾可能带来的经济损失。

同时，调查结果显示，户主是否是少数民族对家庭的灾害风险应对无显著影响。农户的家庭健康状况和家庭成员的文化程度对农户的灾害风险应对能力无显著的影响。这可能是因为自然灾害风险具有动态变化性和复杂多样性，农户成员的健康状况和文化程度对农户对灾害风险的预期以及灾害风险发生时的应变能力并无特别明显的影响。此外，虽然家庭结构对农户自然灾害风险应对能力的影响并不显著，但从系数正负可以看出其影响的方向，与对比组（夫妇与两个孩子）相比，"夫妇、孩子、父母三代同堂"这种家庭结构农户的风险应对能力会更低。

2. 家庭经济能力对农户灾害风险应对能力的影响

从调查结果看，家庭经济能力禀赋中反映农户潜在经济实力的指标对农户的灾害风险应对能力影响比较显著。具体是家庭耕地面积、到最近县城所需的最短时间、家庭住房面积以及家庭年总收入。调查结果显示，家庭耕地面积的大小对农户的灾害风险应对能力有非常显著的影响，且影响方向为负，这与预期的假设一致。在少数民族地区，农业技术欠发达，农业生产主要靠耕地面积的多寡来决定，耕地面积越大，农户的农业收入也相对会更多，但在灾害高发而农业科技相对落后的少数民族地区，耕地面积越大，也意味着其面对的自然灾害的风险更大，一旦遭遇自然灾害，农户欠收甚至绝收的情况大量存在，这与少数民族地区农户一旦遭遇自然灾害就迅速返贫的现实基本一致。农户到最近县城所需的最短时间对农户的灾害风险应对能力的影响为负，这与预期假设一致。到最近县城的最短时间越长，说明其距离县城越远，交通不方便，交通工具不发达。在少数民族地区，广大农牧民散居于各地，交通条件差，县城一般是当地的经济文化中心，也是主要的农产品交易场所，到县城比较方便的农户，其从事非农生产的途径相对增多。此外，距离县城近的农户，也更容易得到县城一些公共资源的辐射，如在市场信息、科技服务、医疗服务等方面，具有比其他农户更多的优势。农户的住房面积一定程度上反映了农户的经济实力，是其长期财富积累程度的有效表现，一般住房面积比较大的农户，其近几年的经济情况都比较好，而不仅是当年的经济情况好，这个指标较真实地反映了农户的经济实力，对农户灾害风险应对能力的影响显著。

农户的家庭年收入对家庭灾害风险的应对能力非常显著，这与现实和理论一致。调查结果显示，样本农户中当年家庭人均纯收入低于1 196元的农户占到被调查农户的76.6%，根据国家民委对少数民族自治地区农村贫困的监测结果，2007 年末，少数民族自治地区农村绝对贫困人口773.6 万人，占全国农村绝对贫困人口的 52.3%，少数民族地区农户的贫困程度深，低收入农户多，贫困是少数民族地区应对灾害风险的主要障碍。

3. 环境禀赋对农户灾害风险应对能力的影响

调查结果显示，在农户家庭的环境禀赋中，经济环境禀赋对农户灾害风险应对能力的影响比较显著。其中反映农户所处经济环境的"村级人均收入水平、村级资源状况、村级经济组织状况"三项内容对农户灾害风险应对能力的影响比较显著。农户是否拥有(水电、矿产、旅游)资源中的一项或几项对农户的灾害风险应对能力有正向影响。从调查结果看，拥有水电、矿产、旅游资源中的一项或几项的农户，灾害风险的应对能力可能更强，其中的原因可能是本村有水电、矿产、旅游资源的农户，其非农就业途径多，非农收入可能是其主要的收入来源，村集体的经济实力可能相对要强，相应自然灾害对其影响较小，其灾害风险的应对能力较强。

同时从调查结果看出，反映社会环境的农户对村干部和邻里关系的满意度对农户灾害风险应对能力影响不显著。调查结果显示，被调查农户对村干部和邻里关系的满意度均值都在"3"左右，即"一般"。72.8%的被调查农户所在的村当年没有举行过技术培训，也在一定程度上说明农户的技术环境对其灾害风险应对能力为什么没有非常显著的影响。

六、结论与政策含义

(一)结论

本文根据对农户的实际调查数据，运用有序 Probit 概率模型分析了家庭禀赋对农户灾害风险应对能力的影响及其差异。分析结果表明：

第一，家庭成员的经历禀赋是影响农户灾害风险应对能力的重要因素。家中是否有人担任行政职务以及家庭是否有人接受技能培训对于农户灾害风险应对能力的影响都比较显著，说明增加农民的技能技术培训对提高农户的灾害风险应对能力至关重要。

第二，家庭经济实力是影响农户灾害风险应对能力的关键。家庭耕地面积越大，农户的灾害风险应对能力可能更弱；到县城更便捷的农户其灾害风险应对能力可能更强；家庭住房面积相对大的农户，经济收入高的农户，灾害风险应对能力更强。

第三，家庭所处的经济环境对农户的灾害风险应对能力有重要影响。村级人均收入水平、村级资源状况、村级经济组织状况对农户的灾害风险应对能力影响显著，其均为正向影响，说明良好的经济环境有助于提高农户的灾害风险应对能力。

(二)政策含义

第一，增加反贫困力度，是提高少数民族地区农户灾害风险应对能力的根本。研究结果显示，农户的家庭经济能力和所处的经济环境对其灾害风险的应对能力影响最显著。在自然灾害频发的少数民族地区，应该把反贫困与灾害风险管理及农户的风险应对能力建设有效结合起来，通过增加农户的收入提高其灾害风险应对能力。

第二，增加少数民族地区农户非农就业培训及转移的投入力度，是提高少数民族地区农户灾害风险应对能力的有效途径。加强农户的科技培训力度，尤其是防灾抗灾农业技术的培训，以及加强农户外出务工技能的培训，对外出务工潜力大的农户提供帮扶政策，增加农民外出务工渠道。

第三，增加对民族地区农业大户的技术扶持和金融保险投入，是提高民族地区农户灾害风险应对能力的重要保障。对长期从事农业种植的农户，尤其是种植大户，要加强对其技术指导，引导其提升农产品质量，将农产品推向市场。同时，对种植大户应给予一定的金融扶持，加强农业保险建设力度，增强种植大户的灾害风险应对能力。

第四，提升少数民族地区农村的集体经济实力，是农户发挥应对自然灾害风险主体作用的经济基础和组织基础。加大对少数民族地区农村交通、通讯、医疗、教育等基础设施的投资和建设；在政策和制度设计上鼓励私人和企业参与当地水电、矿产、旅游资源与特色农产品等投资开发，同时要引导其对少数民族地区的资源进行可持续的开发和保护；

结合当地实际发展特色民族经济，积极引导农村专业合作经济组织建设，通过经济组织分散农户风险，增强农户灾害风险应对能力。

参考文献

[1] 荣宁. 建国40年来西部民族地区自然灾害的初步研究[J]. 青海民族研究，2007(4).

[2] 万金红，王静爱，刘珍，等. 从收入多样性的视角看农户的旱灾恢复力——以内蒙古兴和县为例[J]. 自然灾害学报，2008(2).

[3] 帅红，刘春平，王慧彦. 洞庭湖区农户洪涝灾害脆弱性评价[J]. 自然灾害学报，2009(6).

[4] 程承坪，刘素春. 基于农户视角的农业风险管理策略研究[J]. 当代经济管理，2008(11).

[5] 周洪建，王静，贾慧聪，等. 农业旱灾承灾体恢复力的影响因素——基于野外土地利用测量与入户调查[J]. 长江流域资源与环境，2009(1).

[6] 谢永刚，袁丽丽，孙亚男. 自然灾害对农户经济的影响及农户承灾力分析[J]. 自然灾害学报，2007(12).

[7] 陈传波，丁士军. 对农户风险及其处理策略的分析[J]. 中国农村经济，2003(11).

[8] 徐锋. 农户家庭经济风险的处理[J]. 农业技术经济，2000(6).

[9] 陈风波，陈传波，丁士军. 中国南方农户的干旱风险及其处理策略[J]. 中国农村经济，2005(6).

[10] 陈传波. 中国农户的非正规风险分担实证研究[J]. 农业经济问题，2007(6).

[11] 丁士军，陈传波. 农户风险处理策略分析[J]. 农业现代化研究，2001(11).

[12] 陈传波. 农户风险与脆弱性：一个分析框架及贫困地区的经验[J]. 农业经济问题，2005(8).

[13] 李谷成，冯中朝，占绍文. 家庭禀赋对农户家庭经营技术效率的影响冲击——基于湖北省农户的随机前沿生产函数实证[J]. 统计研究，2008(1).

[14] 孔祥智，方松海，庞晓鹏，等. 西部地区农户禀赋对农业技术采纳的影响分析[J]. 经济研究，2004(12).

[15] Anderson M. B. and Woodrow P. J.. Rising from the Ashes: Development Strategies in Times of Disaster[M]. London: Intermediate Technology Publications. 1998.

[16] Joost M. E. Pennings&Grossman. Responding to Crises and Disasters: the Role of Risk Attitudes and Risk Perceptions [J]. Disasters, 2008, 32(3).

[17] Teun Terpstra & Jan M. Gutteling. Households' Perceived Responsibilities in Flood Risk Management in the Netherlands [J]. Water Resources Development, 2008, 4(24).

[18] Anwen Jones, Marja Elsinga, Deborah Quilgars& Janneke Toussaint. Home Owners' Perceptions of and Responses to Risk[J]. European Journal of Housing Policy, 2007, 2 (7).

[19] Mahmud Yesuf and Randall A. Bluffstone. Poverty, Risk Aversion, and Path Dependence in low-Income Countries: Experimental Evidence from Ethiopla[J]. Amer. J. Agr. Econ. , 2009, 91(4).

[20] Morrow B. H. Identifying and Mapping Community Vulnerability [J]. Disasters, 1999, 23(1).

[21] Roger Few. Flooding, Vulnerability and Coping Strategies: Local Responses to a Global Threat South Bank University, London, UK[J]. Progress in Development Studies, 2003, 3(1).

[22] Michael K. Lindell& Seong Nam Hwang. Households' Perceived Personal Risk and Responses in a Multihazard Environment [J]. Risk Analysis, 2008, 2(28).

[23] Takashi Kurosaki. Consumption Vulnerability to Risk in Rural Pakistan[J]. Journal of Development Studies, 2006, 1(42).

村庄公共产品供给：增强可行能力达致减贫[*]

——以四川省甘孜藏族自治州雅江县西俄洛乡杰珠村为例

李雪萍　龙明阿真

【摘　要】　通过村庄公共产品供给来增强村民可行能力，可达致减贫。本文以基本公共服务均等化、可行能力概念为理论语境，以杰珠村为个案的研究认为：提高集中连片特殊类型困难地区贫困人口的可行能力是减贫根本目标，实现此目标必须全方位"突围"——从生存的可行能力到生产的可行能力，再到发展的可行能力。围绕提高可行能力，更加关注供给无形村庄公共产品，如交往能力、实用技术培训等。集中连片特殊类型困难地区的减贫工作更强调政府责任，甚至中央政府的责任。减贫理念和实践应嵌入民族传统文化和价值理念，实现内源式发展。

【关键词】　村庄　公共产品供给　可行能力　减贫　集中连片特殊类型困难地区

　　学术界目前就农村公共产品供给与减贫的研究，其视角主要集中于村民收入的增加，已形成的共识是农村公共产品供给可多方面地缓解贫困，包括直接缓解和间接缓解，例如既增加农民收入又减少支出。在收入研究视角中，稍显精微的有从农民的基本保障角度看待农村公共产品供给对减贫的影响[①]。研究对象主要指向西部及个别省份，

---

　　* 2009 年教育部哲学社会科学研究重大课题攻关项目"城乡基层社会治理研究"（09JZD0025）；2008 年教育部人文社会科学重点研究基地重大项目"城乡统筹进程中的社会管理体制改革研究"（08JJD810156）；2010 年华中师范大学自主科研项目"集中连片特殊类型困难地区（武陵山区）扶贫开发研究"。

　　李雪萍，华中师范大学社会学院、社会发展与社会政策研究中心教授；龙明阿真，四川省甘孜藏族自治州州政府。

　　① 徐毅：《我国农村公共产品供给的制度缺陷与改革思路》，《安徽技术师范学院学报》，2005 年第 2 期。

例如赵曦①、樊胜根等探讨了西部地区减贫模式；刘流②、彭兴莲③等探讨了西藏、贵州、江西的农村公共产品供给对减贫的作用；但鲜见以村庄为个案的具体研究。在研究内容上，大多是从总体上探讨了农村公共产品供给现状、供给结构、制度建构以及存在的问题及对策建议，如睢党臣④、邵贵文⑤等的研究。总体说来，目前农村公共产品供给与减贫关系的研究特点是研究对象宏观，分析内容架构宏大。本文以四川省甘孜州西俄洛乡的杰珠村为个案，以村民可行能力为视角，探究农村公共产品供给对提高可行能力达致减贫的作用。2009 年 7 月 7 日至 17 日，笔者在西俄洛乡及杰珠村调研，所有关于西俄洛乡及杰珠村的资料，全部来自此次调研。文中关于西俄洛乡和杰珠村的具体数据，由西俄洛乡政府及雅江县扶贫办提供。

一、理论语境

18 世纪末，学者们以"食物消费"为主来界定贫困，例如，Rowntree 以是否满足"生理效率"的收入作为分界线来划分贫困与非贫困。直到 1965 年，Qusanski 确定最低食物支出，并以特定的恩格尔系数区别贫困与非贫困，贫困由收入的多少来检验，即拥有一定数量的货币以购买满足人类的基本需求⑥。Qusanski 的方法直到现在仍然被许多学者、国家和国际组织广泛应用。阿玛蒂亚·森将贫困概念从收入贫困扩展到权利贫困、可行能力贫困和人类贫困，将贫困的原因分析从经济因素扩展到政治、法律、文化、制度等领域，其在《以自由看待发展》一书中集中阐述了能力贫困及其治理，并从微观个体性以及宏观总体性两个角度，阐释了可行能力概念。在森看来，实质自由是一种可行能力。

从微观的个体性出发，森以实现功能性活动的可行能力来界定贫

---

① 赵曦、严红、刘慧玲：《西部农村扶贫开发战略模式研究》，《经济问题探索》，2007 年第 12 期。

② 刘流：《贵州农村公共产品供给对缓解贫困的影响研究——基于扶贫资金结构的分析》，贵州大学 2008 年硕士学位论文。

③ 彭兴莲：《农村公共产品供给与江西农民收入》，南昌大学 2007 年硕士学位论文。

④ 睢党臣：《农村公共产品供给结构研究》，西北农林科技大学 2007 年博士学位论文。

⑤ 邵贵文：《农村公共物品供给制度化研究》，中南大学 2007 年硕士学位论文。

⑥ 冯瑛：《贫困定义的演化及对中国贫困问题的思考》，《经济研究导刊》，2010 年第 18 期，第 6 页。

困。他认为，在"分析社会正义时，有很强的理由用一个人所具有的可行能力，即一个人所拥有的、享受自己有理由珍视的那种生活的实质自由，来判断其个人的处境。根据这一视角，贫困必须被视为基本可行能力的被剥夺，而不仅仅是收入低下……""一个人的'可行能力'（capability）指的是此人有可能实现的、各种可能的功能性活动组合。可行能力因此是一种自由，是实现各种可能的功能性活动组合的实质自由。""'功能性活动'（functionings）的概念，反映了一个人认为值得去做或达到的多种多样的事情或状态。有价值的功能性活动的种类很多，从很初级的要求，如有足够的营养和不受可以避免的疾病之害，到非常复杂的活动或者个人的状态，如参与社区生活和拥有自尊。""一个人的实际成就可以由一个功能性活动向量来表示。一个人的'可行能力集'由这个人可以选择的那些可相互替代的功能性活动向量组成。因此，一个人的功能性活动组合反映了此人实际达到的成就，而可行能力集则反映了此人有自由实现的自由：可供这个人选择的各种相互替代的功能性活动组合。"①在具体研究中，森从"生活内容域"以及实现生活内容的能力角度来评价平等，并进而阐述能力测度的方法以及多元主体在实现能力平等方面的作用②，建构起能力视角的平等观。受森的贫困理论与方法的启发，联合国开发计划署分别于 1996 年设计了"能力贫困指标"，1997年设计了"人类贫困指标"等，两个贫困指标的基本内容都涉及人们能够实际享有的生活和实际拥有的自由③。

从宏观的总体性来看，森以自由作为价值取向，以增进个人福利作为价值目标，认为自由既是发展的首要目的，也是促进发展不可缺少的重要手段。森所指的自由是指享受人们有理由珍视的那种生活的可行能

① ［印］阿玛蒂亚·森：《以自由看待发展》，中国人民大学出版社，2002 年版，第 62～63、85 页。

② 刘德吉：《阿玛蒂亚·森的能力平等观与公共服务均等化》，《上海经济研究》，2009年第 11 期，第 109～110 页。

③ "能力贫困指标"是一个综合指数，由三个指标构成。这三个指标是：5 岁以下体重不足的儿童比重，没有专业卫生人员护理而出生的婴儿的比重，15 岁以下文盲妇女的比重。把这三个指标按照相等权数加总得到的一个平均数就是能力贫困指标。"人类贫困指标"由三个指标组成：寿命剥夺、知识剥夺和生活水平剥夺。寿命剥夺指标在发展中国家是指 40 岁以前死亡的人口比例，在发达国家是指 60 岁以前死亡的人口比例；知识剥夺指标用成人文盲率表示；生活水平剥夺用一个综合指标表示，这个综合指标包括三个方面：不能获得医疗服务的人口比例，不能获得安全饮用水的比例，5 岁以下营养不良儿童的比例。

力，具体说来，"实质自由包括免受困苦——诸如饥饿、营养不良、可避免的疾病、过早死亡之类——基本的可行能力，以及能够识字算数、享受政治参与等等的自由"①。自由在发展中具有建构性作用：自由是人们的价值标准与发展目标中自身固有的组成部分，它自身就是价值，因而不需要通过与别的有价值的事物的联系来表现其价值，也不需要通过对别的有价值的事物起促进作用而显示其重要性。与此同时，自由还是发展的主要手段，最重要的五种工具性自由包括政治自由、经济条件、社会机会、透明性保证、防护性保障。这些工具性自由能帮助人们更自由地生活并提高他们在这方面的整体能力。

森建构了可行能力概念，也建构了能力贫困的治理，即能力贫困表现为可行能力低下，可行能力提高依赖于社会安排，而社会安排至少需要完善上述五种工具性自由。学术界认为，在一定程度上，森的发展观是我国社会建设中公共服务均等化的合法性论证。自由和基本公共服务都具有建构性意义和工具性意义。基本公共服务均等化的建构性意义在于公共产品供给满足社会公共需要，不断实现社会公共利益，保护人类社会得以存续和可持续发展，彰显公共价值。基本公共服务均等化的工具价值与森所强调的五种工具性自由有不谋而合的内在联系②。至少森的五种工具性自由的建构，内含着向人们尤其是落后地区和弱势群体供给各种公共产品。在我国现实的社会实践中，向落后地区和贫困群体供给公共产品，首要的理念是实现基本公共服务均等化；而实现基本公共服务均等化，必需的公共政策之一是"补齐短板"，即公共产品供给向落后地区、弱势群体倾斜。

每一种解释贫困发生的理论都提供了一个或多个影响缓解贫困的因素和途径……无论哪种理论均涉及公共产品供给，人们相信公共产品供给能改善穷人福利③。第一份全面分析中国农村贫困现状与公共产品供给相互关系的报告是 1992 年世界银行作出的，该研究认为公共产品供给在贫困地区具有积极显著的效率和公平涵义④。我们认为，如果说目

---

① ［印］阿玛蒂亚·森：《以自由看待发展》，中国人民大学出版社，2002 年版，第 30 页。

② 曾婧婧：《基本公共服务均等化的新阐释》，《南京工业大学学报》，2010 年第 2 期，第 54 页。

③ 刘流：《农村公共产品供给与缓解贫困》，《中共贵州省委党校学报》，2009 年第 6 期，第 75 页。

④ 刘流：《贵州农村公共产品供给对缓解贫困的影响研究——基于扶贫资金结构的分析》，贵州大学 2008 年硕士学位论文，第 4 页。

前中国经济社会建设已经进入公共产品供给时代，那么减贫更是进入强力公共产品供给时期。正如《中国农村扶贫开发纲要(2001—2010)》指出："中央和地方政府投入的财政扶贫资金，必须……重点用于改善基本生产生活条件和基础设施建设。"

通过公共产品供给来解决社会利益群体分化、地区利益分化导致的问题，是世界各国通行的做法，我国也不例外。究其原因，首先是内源于公共产品供给、分配在消除和缓解收入差距方面作用重大。应该说，向落后地区和弱势群体供给均衡性公共产品，其作用甚至更大、更直接。正如阿南德和瑞威连认为，政府支出在结构上应优先投资于公共服务领域；在支出领域上，应首先照顾低收入群体和贫困地区，因为这些领域才是获得最大边际效用的所在[①]。公共产品供给从多方面直接改善落后地区、弱势群体的生活状况，增强人们的可行能力，实现人们的实质自由。"更好的教育和医疗保障不仅能直接改善生活质量，同时也能提高获取收入并摆脱收入贫困的能力。教育和医疗保健越普及，则越有可能使那些本来会是穷人的人得到更好的机会去克服贫困。"[②]公共卫生和医疗服务带来的健康体魄使人过上有品质生活所需的体力和智力；教育在培养人的技能，对机会的认知和把握等方面，发挥着重要作用，避免贫困人口陷入低收入——低教育投入——低可行能力——低收入的恶性循环；基础设施的改善在直接提高生活水平和质量的同时，在生产和交换等方面扩展人们的可行能力。也就是说，公共产品供给发挥"保护"和"促进"功能，前者重在防止生活水平下降，后者旨在提高生活水平和扩展可行能力。

简而言之，公共产品供给、可行能力与减贫的关系，可概述为：

$$公共产品供给 \xrightarrow{旨在} 提高可行能力 \xrightarrow{实现} 减贫$$

二、杰珠村公共产品供给情况

本文的个案是四川省甘孜藏族自治州(集中连片特殊类型困难地区)雅江县(国家扶贫工作重点县)西俄洛乡的杰珠村，该村98%的村民是藏族。到2009年底，西俄洛乡农牧民人均纯收入1 879元，贫困人口

① 中国(海南)改革发展研究院课题组：《实现人的全面发展》，《基本公共服务与中国人类发展》，中国经济出版社，2008年版，第24页。

② [印]阿玛蒂亚·森：《以自由看待发展》，中国人民大学出版社，2002年版，第88页。

1 223人，贫困发生率38%。杰珠村是乡政府所在地，距离县城63千米，海拔3 550米，属高寒地区，现有106户586人，贫困人口193人，贫困发生率约33%。杰珠村贫困程度深、贫困发生率高，具有集中连片特殊类型困难地区村庄的典型特征。

(一)杰珠村居民享受的生产生活补助

森在考察贫困时，将收入低下扩展为可行能力低下，但并不否定收入低与贫困的关系。他认为："低收入可以是一个人的可行能力剥夺的重要原因。收入不足确实是造成贫困生活的很强的诱发性条件。""对收入而言的相对剥夺，会产生对可行能力而言的绝对剥夺。"而且"在收入剥夺与将收入转化为功能性活动的困难这二者之间，存在某种配对(coupling)效应。可行能力方面的缺陷，诸如年老，或残疾，或生病，会降低获取收入的能力。但这些因素同时也使得将收入转化为可行能力更加困难，因为年龄较大，或残疾程度更严重，或病况更严重的人，会需要更多的收入(以便得到照料、校正残疾、接受治疗)才能实现和别人相同的功能性活动。这就决定了，就可行能力剥夺而言的'真实贫困'，在显著程度上可能比在收入空间表现出来的贫困更加严重。"[1]

收入低下与可行能力的关系，对于杰珠村这种处于集中连片特殊类型困难地区的村庄而言，提高村民可行能力，意味着首要任务依然是提高村民的收入。提高其收入最为直接的手段是给予各种补助。近年来，政府提供的各种补助情况如下：

1. 医疗补助

杰珠村村民都参加了农村新型合作医疗。合作医疗的资金构成是每人每年100元，其中个人上交20元，上级财政负担80元。由于雅江县是国家级贫困县，因此这80元全部由中央财政负担。

2. 农村最低生活保障金

杰珠村有191人享受最低生活保障，标准为45元/月/人。

3. 粮食直补、综合直补

这是发放给种粮户的补贴。粮食直补，主要是种子补助，补助标准为10.77元/亩；综合直补，补助金额100.95元/亩。两项相加，补助金额为111.72元/亩。农户种粮面积越大，获得补助越多。

---

[1] [印]阿玛蒂亚·森：《以自由看待发展》，中国人民大学出版社，2002年版，第85~86页。

4. 退耕还林补助

该项补助折合成人民币平均260元/亩/年，已经补助了8年。补助具体发放方式是根据村民需要，发放现金130元/亩，发放价值130元/亩的粮食。2009年是退耕还林检查验收年，如果验收合格，继续补助8年；如果验收不合格，全部退还以前发放的补助，还要罚款。西俄洛乡已全部验收合格，政府会继续补助8年。

5. 生活困难补助

全村每年评出"生活困难家庭"，补助金额为195元/人。每年获得此项补助的人数不定，灾害年获得此项补助的人数会多一些，县上划拨下来的补助金也会多一些。总金额一般在5万元以上，有时候多达7~8万元。

6. 计划生育补助

这包括：(1)"少生快富"补助。49周岁以下，只有2个子女并采取了节育措施的已婚夫妇，一次性补助3 000元。近几年间，杰珠村大约有20户获得此项补助。(2)互助奖励。60岁以上老人，只有1个子女或只有2个女儿的，经申请合格，每人每年补助600元，夫妻双方共1 200元/年。获此补助者可领取到去世。(3)独生子女补助。自愿只生一个子女的夫妇，每月补助10元，直到子女满18周岁。

7. "三老干部"补助

"三老干部"是指1959年—1962年间的村干部、积极分子、党员。补助标准为180元/月/人，此外每年春节还有500元慰问金。"三老干部"可领取此补助，一直到去世。

8. 民政补助

(1)灾荒救济。灾害年份，全村有2 000多元的春荒救济款，主要用于购买种子。(2)医疗救济。此项救济主要针对低保户。低保对象看病，除了医疗保险报销之外，经申请，由乡政府审批，可在县民政局报销100~5 000元。(3)灾害救济。发生大面积灾害时，才有此项补助，补助数额不定。

从补贴发放的实际效应来看，各种补助的发放，直接提高了村民的收入水平，也提高了他们的可行能力。发放生活领域的补助，有此功效，自不待言；生产领域各种补助的发放，此类功效依然显著。学术界认为，以现金形式发放到从事粮食生产的农民手中的"明补"，较之补助到粮食生产企业的"暗补"，如果从与生产结合的角度来看，"明补"为生产提供了前期投入资金，对提高农民的生产积极性及收入水平的效果更好。因为农民要获得"暗补"，必须先生产出粮食，"暗补"的效果弱于"明补"①。

除了各种直接补助外，增加村民现金收入的另一种方式是各个建设项目实施以工代赈。近年来，西俄洛乡实施以工代赈项目及其支出包括：异地搬迁 100 多户，投入以工代赈资金 100 多万元；修建扎阿桥，投入以工代赈资金 20 多万元；修建杰珠村水泥路，投入以工代赈资金 30 多万元等。

（二）基础设施建设

村庄基础设施建设包括道路建设、人畜饮水工程建设、电力供应、广播电视设施建设、通讯设施建设等。睢党臣的研究认为，从贡献率的结果来看，农村基础设施投资对农村居民人均纯收入贡献率最大②。此外，基础设施建设可直接改善村民生活条件，增强村民可行能力。例如，道路建设有利于增强村民可行能力之处包括：第一，改善村民外出条件，利于寻找就业机会，节省交通成本等。第二，扩展交往范围，增量村庄社会资本。第三，扩展市场，使农产品及时运送，变成商品，实现价值；改善农产品交易条件，减少运输成本。再如村庄广播电视、通讯网络建设，有利于降低生产成本和交易成本、市场风险。经济活动包括人与自然的生产活动和人与人之间的交易活动。发生于前者的成本称为生产成本，发生于后者的成本称为交易成本。存在交易成本的原因是信息不对称。良好的村庄公共产品供给，能使农民更多地获取交易信息，发现交易对象和交易价格、讨价还价、订立交易契约等。

在整村推进的扶贫开发模式下，杰珠村的基础设施建设情况是：广播电视村村通工程业已完成，每户普及电视；2008 年，每户都迁入了自来水管；2008 年，在杰珠村地界上建设了一个移动机站、一个联通机站，手机信号覆盖全村；整个雅江县水电丰裕，供给充足，杰珠村户户通电。近几年，西俄洛乡道路、桥梁建设，使得家家户户通公路（包括入户便道），涉及杰珠村地界的道路、桥梁建设项目有：(1)2007 年一

---

① 金双华：《公共产品供给与城乡收入差距》，《东北财经大学学报》，2008 年第 5 期，第 47 页。

② 睢党臣：《农村公共产品供给结构研究》，西北农林科技大学 2007 年博士学位论文，第 105～106 页。

2009 年，政府投资 2 000 万元，修建了 318 国道到西俄洛乡的牛西路，大约 13 千米。(2)2008 年，政府投资 80 万元，修建杰珠村水泥路 1 千多米。(3)2008 年，政府投资 60 万元，修建杰珠村的涅达桥。

(三)基本公共服务

医疗卫生、基础教育的供给可整体性提高贫困人口的行动能力，包括改善日常生活条件以及提高素质等。西俄洛乡共有卫生院 1 所，卫生室 2 个，乡完小 1 所，村小 3 所，在校学生 399 人，教师 20 人。杰珠村是俄洛乡政府所在地，完小和卫生院直接为杰珠村居民服务。

杰珠村居民享受的医疗卫生方面的公共产品主要有：第一，杰珠村居民全部加入农村新型合作医疗，部分村民还可得到医疗救济。第二，乡卫生院位于杰珠村辖区，村民治病(小病)可足不出村。第三，村庄环境建设方面，乡政府自己筹集资金在杰珠村修建了一个垃圾收集站，这是全县唯一的一个由乡政府筹资建设的垃圾收集站。此外，由乡政府出资，聘用了一位清洁工打扫街道卫生。笔者在杰珠村调研时，亲眼见到街道、村里、村子周围，除了牛粪，不见其他污染物，尤其不见白色垃圾四处飞扬。

教育方面，政府对基础教育实行三包，全村适龄青少年免费接受九年制义务教育，入学率为 100%，辍学率为零。

(四)生活服务

在生活服务方面，为改善村民居住状况，各级政府供给的公共产品主要包括：住房建设(改建)，免费供给替代能源设施，保障村庄社区安全。

1. 住房建设。(1)近年来，在西俄洛乡，政府已经完成住房解困工程 83 户，投入资金 73 万元。(2)目前正在实施住房建设的有 60 户，投资 180 万元。

2. 替代能源设施建设。在西俄洛乡，政府设计、制作节能灶，免费发放给村民；发放 20W 太阳能照明设备 20 套。

3. 村庄安全。保障村庄安全体现了政府与村民的互动合作，具体措施是实施治安联防，主要内容是防火、防盗、防打架斗殴等。实现村庄安全的制度安排主要有：(1)乡政府的民兵组织设在杰珠村，平常主要为杰珠村服务。(2)2005 年杰珠村成立了治安联防队，5～6 户(每户1 人)组成 1 个小组，相互照看财物。(3)每年评选"平安户"。当年没有发生打架斗殴、违反治安管理条例、刑事案件的家庭，方能被评为"平安户"。乡政府制作"平安户"匾牌挂于村民房屋门口，以示嘉奖。

（五）防灾减灾

在杰珠村，因灾致贫、因灾返贫时有发生。政府及村民在应对自然灾害方面采取了直接措施和间接措施。

1. 直接的防灾减灾措施主要包括：（1）修建防洪堤坝。2008年，政府出资135万元修建村边的堤坝120多米，有效地实现了汛期防洪。（2）灾害排查。乡政府成立安全检查小组，定期排查泥石流、滑坡、塌方等自然灾害以及汛期防洪；一旦发生灾害，乡政府在向上级政府汇报的同时，组织村民一起救灾。（3）安全隐患排查。乡政府的安全检查小组定期检查用电安全、房屋安全，防止火灾以及房屋倒塌等。

2. 间接的防灾减灾措施主要有：（1）免费发放节能灶。政府研制、生产节能灶，免费发放给村民，节能灶的使用节约柴火，减少山林砍伐，保护植被，防止水土流失及泥石流的发生。（2）牲畜合理出栏观念的灌输。杰珠村有10%的家庭牲畜养殖规模较大，例如，珠珠家有牲畜260多头。由于受宗教观念的影响，出栏率一直较低，珠珠家前几年每年销售仅7~8头。雪灾是杰珠村面临的最大自然灾害，极易造成牧户因灾致贫。2008年初的一场大雪，养殖大户平均每户冻死牲畜50~60头。受雪灾的影响，2007年还算中等收入水平的牧户一下子就变成了贫困户。为此，政府采用各种方式向牧户灌输合理出栏的观念。2008年初遭遇雪灾后，当年的出栏率就大为提高，灾害及政府的观念灌输逐渐改变着牧民的观念。

（六）旅游业的开拓

2000年，甘孜藏族自治州建州50周年的庆祝活动中，甘孜藏族自治州第一次评选了"康巴汉子"，杰珠村有1人入选。2003年川滇藏艺术节上，杰珠村有12位"康巴汉子"代表雅江县参加艺术节，展现了"康巴汉子"特有的风采，杰珠村因此名声大噪。2003年，雅江县旅游局为杰珠村注册了"康巴汉子村"商标。是年，杰珠村的旅游业开始起步。2003年—2006年，全村有15户改建为"民居接待"家庭。这15户改建了卫生间，改善了住宿、餐饮条件，实施了人畜居住分离，旅游局对户主进行烹饪培训，统一了吃、住、骑马的价格。此外，花费40多万元修建了通往郭岗顶的马道，其中县财政资助9万元，其余皆由村民投工投劳。

2003年—2007年是杰珠村旅游业发展的最好时期，2007年村民平均收入由之前的800元提高到1 400元。"民居接待"户的收入最好，平均纯利润 1 万多元。借旅游发展之机，村民与外界的接触交流大为增加。

（七）其他

近年来，扶贫开发实施了异地搬迁，以全面改善贫困人口的生活生产状态，在西俄洛乡异地搬迁的有 100 多户。

三、杰珠村减贫效应解读

理论分析认为，村庄公共产品供给可全面增强村民可行能力——从读书、看报到增强社会交往、经济活动能力，再到参与社区治理等。从经济活动的角度来说，村庄公共产品供给会降低包括生产成本、运输成本、销售成本、风险成本和决策成本在内的活动总成本，降低农业的自然风险和经济风险，从而提高生产活动效率；完善的农村公共产品会促进农业生产的专业化、规模化、商品化、产业化、市场化和可持续发展等。

经过多年村庄公共产品供给，杰珠村村民实际的可行能力得到很大提高，在杰珠村，有多位老人家告诉笔者："现在的日子最好过。大家修了房子，政府修了路，牵了电，还给予各种补助。老百姓现在不操心吃、穿、住，只操心副业和现金收入。村民平时交谈，不谈论粮食，谈论得最多的是虫草价格、松茸价格等。"从老人家们的陈述中可以想见，多年来政府供给村庄公共产品达致减贫的突出效应，即村民基本生活都有了保障。但是，行动能力低下是综合因素所致，增强可行能力非一蹴而就，未来要走的路依然漫长。

（一）村民对村庄变化的评价

以村庄及村民家庭生活的变化来检视通过供给公共产品达致减贫的效应，应该是可行路径之一。笔者在西俄洛乡及杰珠村调研时，就"这十年村庄以及您家庭最大的变化是什么"一问，采访了二十多人，概括他们的答案，村庄最大的三个变化依次是：交通条件的改善伴之以交通工具的升级换代；供电充足伴之以家电普及；教育条件逐渐改善，教育水平逐步提高，学校升学率高及部分村庄子弟就业状况好。

1. 交通条件的改善

在杰珠村，交通条件的改善提高了村民出行能力：出行容易，与外界交往的可能和机会大大增加；交通工具的升级换代，客货运输成为村庄经济产业之一；交通的便利通畅，旅游产业得到发展。

村民认为，现在全乡家家户户都通公路，实在不容易。阿雅告诉笔者："20 世纪 80 年代中期，村里人买了两辆自行车，全村人都很稀罕，围观。1988 年，乡里有了第一台拖拉机，村民也非常稀罕，围观。1992 年，村民自己买了第一台拖拉机，大家都觉得这家人好富裕。1993 年、1994 年，有 6～7 户相继买了拖拉机，有的买了新车，有的从雅江一区买来二手车。现在家家户户都有 1 台拖拉机，1～2 辆摩托车；村里有 3 户人家买了大货车跑运输，有 7 户人家买了 7 部小车跑出租，跑出租车一天的收入是 300 元～400 元，最差的也有 100 元。"

2. 电力供应充足，家用电器普及，生活质量提高

以前，村里没有电，只有区工委每天晚上用发电机发电，到了晚上 10 点就停电了。1986 年，全乡 5 个村的公益金、公积金全部投资于修建乡水电站，全部村民都参加义务劳动。电站于该年修成，村村、户户都通了电。伴随供电充足，家用电器渐渐普及。仁泽老人家告诉笔者："1984 年时，大家只有收音机、录音机，现在 100％的家庭有电视、打茶机、搅拌机，30％的家庭有冰柜、洗衣机。"家电普及，方便了生活，节省了劳动力，便于留住游客。此外，村中老人家们特别感慨，有了电，孩子们晚上看书、写作业就方便多了。闲暇时间看电视，文化生活也丰富了许多。

3. 基础教育的发展

综合多吉、珠珠、仁则等多位老人的讲述，杰珠村基础教育发展概貌如下：1959 年，乡里建起完小，只有 2～3 位老师，当时村民生活困难，不愿意送孩子上学。20 世纪 60 年代初的一场政治运动，学生们都被号召参加劳动，村民们觉得子女是否读书都无所谓。1965 年，村完小有一位学生成绩优秀，当上了乡信用社会计，成了国家干部，大家非常羡慕，村庄子弟有了些学习积极性。"文革"期间，学校仍然坚持上课。"文革"之后，有些学生毕业后找到工作，大家对教育有了点兴趣，但还是有 50％～60％的家庭不太重视教育，让孩子采集虫草和松茸，不好好上学。现在非常重视教育，原因是该完小毕业生中，有多人考上了大中专院校，有了很好的工作，还有一些成为国家干部。例如，扎西是某县移民局局长，刘某是某县旅游局局长，张某曾担任某县县委副书记，张某的哥哥是某县城市规划局局长，此外还有嘉央、付某等。村里出了这么多大中专学生以及国家干部，这极大地激发了青少年的学习积极性。2008 年，杰珠村有 3 位青年考上了公务员；2009 年，有 7 位青年分别考上了公务员和教师。杰珠村 65 户人家中，6 户有 7 位青年分别考上了公务员和教师，这给杰珠村青少年以极大的鼓舞；同时，也使得杰

珠村在附近县区乃至全甘孜州名声大噪,人们都赞赏杰珠村教育水平高。2009 年,阿雅老人家有两个女儿考上了教师,他异常高兴,认为子女只有读书才有希望,才有出路。此外,学校实行藏语、汉语双语教学,成效卓著,尤其是政府把藏语文作为公务员考试科目,极大地激发了青少年的学习热情。

(二)减贫之路依然漫长

经过多年的努力,虽然杰珠村发生了巨大变化,可减贫之路依然漫长。

1. 增收形势依然严峻

杰珠村的贫困人口比例依然较高,需进一步增收以增强可行能力。就经济收入的贫困而言,西俄洛乡的贫困人口仍然还有 1 223 人,贫困发生率为 38%;杰珠村的贫困人口有 193 人,贫困发生率达到 33%。

在杰珠村,没有纯牧业户,也没有纯农业户,家家都种地,都放牧,都从事副业(主要是采集虫草和松茸)。杰珠村农业生产一年一季,85%的家庭只有 2～5 头牦牛、1～3 匹马,农牧业生产只能保证最基本的生活需要。绝大多数家庭现金收入主要来自采集虫草和松茸,收入相对有限,难以应付家庭支出,尤其是有孩子在外地上学的家庭。笔者调查了格勒家、扎西家、阿嘉家、格曲家两年来采集虫草和松茸的大致收入,情况如下:

	采挖虫草的收入		采集松茸的收入
	2008 年	2009 年	2008 年
格勒家	10 000 多元	1 000 多元	2 000 多元
扎西家	10 000 多元	8 000 多元	5 000 多元
阿嘉家	10 000 多元	5 000 多元	1 000 多元
格曲家	3 000 多元	几百元	几百元

注:2009 年,因为干旱虫草较少,加上价格偏低,村民采集虫草的收入比较少。笔者在杰珠村调研时,还没有开始采集松茸,因此无法计算此项收入。

杰珠村的旅游业虽不失为一条很好的增收渠道,但面临很多现实问题①,

---

① 现实问题主要包括:一是藏区特殊的政治环境的影响。二是看点不足——现在的旅游景点主要是郭岗顶上 7、8 月份的花海,但是花海的花是自然界的,不是种植的,花海存续期只有一个多月。花谢了,花海就没有了,看点就少了。

例如，2008 年受拉萨 3·14 事件影响，没有游客，未能赚钱；2009 年旅游旺季的 7 月中旬，游客极少。通过发展旅游业增收，有待于旅游环境以及旅游设施的进一步完善。

在杰珠村，还有部分家庭陷入极度贫困状态，尤其是有子女在外就学的家庭。例如，格曲与两位姑妈组成一个家庭，大姑妈年老体弱，小姑妈自幼残疾，她们家是村中最贫困的家庭。格曲就读于藏文学校高二年级，其学费依赖民政部门的支持，每月的低保金难以保证格曲的基本生活，格曲每个假期都要打工挣生活费。

2. 增收过程中可行能力较弱

在杰珠村村民可行能力的考察中，笔者发现一些情形：中青年极少外出打工；外来人口来杰珠村从事手工业，本村缺乏手工业者；商贸利润被外地人赚走等。这些情形在一定程度上极大地影响了村民增收，同时也表现出相对封闭山村的村民在增收过程中的可行能力较弱。

杰珠村的中青年极少外出打工，究其原因有两种解说：一是不用出门打工。极少部分村民认为，杰珠村自然条件比较好，有虫草、松茸、中草药可供采集，基本能自给自足。村民把时间花在采集虫草、松茸、中草药方面，以及在家等待采集时节，不用出门打工。二是综合原因所致，难以出门打工，其中最主要的原因是文化程度偏低。绝大部分村民认为，杰珠村 30～50 岁人的文化程度较低，有的不会说汉语，不识字，出去打工会面临很多困难，何况外面也不是很好找工作。

据笔者观察，商贸利润被外地人赚走主要是两个方面：首先，农牧副业产品的附加值基本不被杰珠村居民享有，而被外来的商贸人员赚走。杰珠村的副业产品主要有虫草、松茸、中草药等，牧业产品包括奶渣、酥油、牛羊毛等。由于村民经商意识薄弱，缺乏深加工、外出销售以及规模经营理念，现有的多数商品贸易基本采用传统营销方式，即只在本地将牧业和副业产品以初始原料价格直接销售给前来收购的商人。村民们认为，采用这样的营销方式，既是传统营销方式的继续，也与村民本身的文化水平有关。其次，杰珠村现有的四个商店全部由外来的汉族人经营。笔者观察，四个商店销售的产品涵盖了村民生产、生活的方方面面。杰珠村居民在"一卖一买"的交易中，利润、收益以及就业机会皆流失了。

杰珠村缺乏木工、藏式彩绘等手工艺人，导致相应的就业以及获取现金收入的机会全由外地人占有。藏式建筑的石木结构以及室内以木质家具为主等特征，使得木工需求量大；藏式建筑内部普遍的彩绘装饰，也相应需要较多藏式绘画人员。遗憾的是，笔者在杰珠村调查时，常住该村的6位木工皆来自四川雅安，常住该村的2位彩绘手工艺人来自德格县，本村只有一位藏式彩绘手工艺人，且处于初学阶段。

增收过程中可行能力较弱，给我们的启示是，村庄公共产品供给中，除了提供较好的基础教育外，还急需进行相关职业技能培训（如木工、藏式绘画），帮助建立商品交易平台，强化商品交易意识等。

3. 扩展替代能源的使用

杰珠村处于高寒地区，一年四季取暖材料需求巨大。目前，杰珠村居民的主要燃料是柴火，柴火来自山林砍伐。替代能源设施建设，例如沼气池、太阳能的普及，其直接效应是可节约柴火，减少山林砍伐，保护山林，从源头上预防山洪、泥石流等自然灾害。

四、简要结论

第一，森的研究扩展了贫困的内涵，认为贫困不仅仅是收入少，同时也是可行能力低下、生活质量不高等。多维度的贫困解说，引导社会政策的建构需要围绕可行能力等采取多样化的减贫方式。减贫的目标不仅是提高收入，而且是努力实现人们能够实际享有的生活和实际拥有的自由，使之享有更大限度的行动自由，拥有更多的机会，做出更多的选择，即过上自己有理由珍视的生活。

减贫的理想追求，遭遇诸如甘孜藏族自治州这样的集中连片特殊类型困难地区的现实境遇，减贫硕果累累却又前路漫漫。集中连片特殊类型困难地区，集多方面的脆弱性于一体：高山峡谷土地稀少贫瘠伴之以自然灾害频发，少数民族相对聚居或散居伴之以公共产品供给严重不足、人们行动能力较弱，经济欠发达伴之以资本、人力资源匮乏，产业发展脆弱伴之以市场风险巨大等。多方面的贫弱急需减贫工作多方向、全方位的"突围"：从村民最基本生存的可行能力（如健康的身体，能读书看报，听得懂说得来汉话等）到生产的可行能力（如一定的种植养殖技术等），再到发展的可行能力（如应对市场风险，提高社区参与能力等）；从基础设施建设到产业发展，再到经济社会文化生态的可持续发展。与此同时，急需建立需求导向的扶贫机制，针对不同群体的不同困难，既保障基本生存又提高自我发展能力。

第二，森的可行能力观念，扩展了村庄公共产品内涵。森从可行能力、社会权利、生活质量等角度考察贫困，而村民的可行能力、社会权利、生活质量本身就是公共产品。在村庄公共产品供给的研究中，目前学术界更关注的是诸如基础设施建设、基础教育、医疗卫生等"有形的社区公共产品"，森的可行能力概念引领学术研究及实践领域更进一步关注社会机会、社区参与、社会交往等"无形的社区公共产品"。杰珠村的实践告诉我们，可以通过村庄公共产品供给来减贫，就目前的减贫模式来说，无论是整村推进还是整乡推进集中连片开发，皆需要从个人生活领域出发，切实提高贫困人口的可行能力。概而言之，即围绕"三个基本问题"来减贫：改善基本生活生产条件，提高基本素质，增强可行能力。增强可行能力时，关注村民自我发展能力，包括增强自信，增长才干，增加收入。

第三，在集中连片特殊类型困难地区，提高贫困人口的可行能力，需要政府、社会组织、村民的协同，但与其他非集中连片特殊类型困难地区相比，更强调政府责任，甚至中央政府的责任。这既体现了集中连片特殊类型困难地区提高贫困人口可行能力的实然性，也体现了由政府主导的理论应然①。正如笔者在杰珠村调研时，与珠老人家谈及现实生活的最大感受时，他说："靠自己，靠不住，自己太弱小；靠老天，靠不住，气候太恶劣；靠寺庙靠不住，信了教的就去念经，不信的也就算了；只有靠政府，也只能靠政府了。什么都要依靠政府，有了困难找政府，例如生病了，经济上有困难了，只能找政府了。除此之外，还有什么办法呢？"不言而喻，由森的可行能力概念内在建构的复杂性以及杰珠村减贫实践的艰巨性，我们可以认为，承载着社会保障功能的公共行为不单单是孤立的国家活动，既不是施舍，更不是一种仁慈的再分配，而应当是由公众参与的整体的社会活动。但是现实中，社会组织在以杰珠村为例的集中连片特殊类型困难地区的缺位，将会制约减贫进程。

第四，减贫的理念和实践与民族性相契合。集中连片特殊类型困难地区，多为少数民族地区，民族地区人们赖以生存的自然环境、经济形态、民族传统、地域文化等形成了各自特色的民族性，客观上决定了各民族传统文化及其价值理念存在很大的差异性。我们建构的减贫理念不能与其民族理念完全对立，而需充分挖掘其地方性、民族性知识，符合

---

① 李雪萍、汪智汉：《短板效应：西藏公共产品供给——兼论均衡性公共产品供给》，《贵州社会科学》，2009 年第 12 期，第 101～106 页。

其民族文化理念，即使民族理念一时难以改变，也需假以时日；我们的减贫实践不能是硬生生的"外在植入"，而应是结合其土壤的"内在生成"；目的是使通过减贫实现的发展成为"内源式"的发展。

参考文献

[1] 冯瑛. 贫困定义的演化及对中国贫困问题的思考[J]. 经济研究导刊，2010(18).

[2] 曾婧婧. 基本公共服务均等化的新阐释[J]. 南京工业大学学报，2010(2).

[3] 刘流. 农村公共产品供给与缓解贫困[J]. 中共贵州省委党校学报，2009(6).

[4] 刘流. 贵州农村公共产品供给对缓解贫困的影响研究——基于扶贫资金结构的分析[D]. 贵阳：贵州大学公共管理学院，2008.

[5] 金双华. 公共产品供给与城乡收入差距[J]. 东北财经大学学报，2008(5).

[6] 睢党臣. 农村公共产品供给结构研究[D]. 咸阳：西北农林科技大学经济管理学院，2007.

[7] 中国(海南)改革发展研究院课题组. 实现人的全面发展[M]. 基本公共服务与中国人类发展. 北京：中国经济出版社，2008.

[8] 徐毅. 我国农村公共产品供给的制度缺陷与改革思路[J]. 安徽技术师范学院学报，2005(2).

[9] [印]阿玛蒂亚·森. 以自由看待发展[M]. 北京：中国人民大学出版社，2002.

汶川地震灾区四川省贫困村灾后恢复重建与扶贫开发相结合的机制创新与启示

向兴华　覃志敏*

【摘　要】　本文在对汶川地震灾区贫困村灾后重建与扶贫开发相结合的背景进行阐述后，详细介绍了四川省贫困村灾后重建与扶贫开发相结合的基本做法、创新机制，并对四川省贫困村灾后恢复重建取得的成效和面临的挑战进行了深度分析。在贫困村灾后恢复重建基本任务完成后的后重建时期，四川省扶贫系统坚持扶贫帮困与灾后恢复重建相结合，坚持扶贫开发与发展特色产业相结合的原则，在充分运用灾后重建试点成功经验的基础上积极探索出灾区贫困村灾后产业扶贫试点、灾区贫困村整村推进扶贫、灾区贫困村分类指导等灾后重建与扶贫开发相结合创新机制。最后，本文总结了四川省贫困村灾后重建与扶贫开发相结合机制创新带来的启示。

【关键词】　贫困村灾后重建　多部门合作　村民主体　整村推进
防灾减灾

一、灾后恢复重建与扶贫开发相结合的背景

2008 年 5 月 12 日 14 点 28 分，中国四川省汶川县发生了里氏 8.0 级特大地震。汶川大地震波及四川、甘肃、陕西三省，给灾区人民群众造成了巨大的生命和财产损失。此次地震灾区和重灾区与贫困地区高度重合，在全国 51 个重灾县中，有贫困县 41 个；灾区 14 337 个行政村中有 4 834 个为贫困村，受灾人口 218.3 万人。就四川省而言，39 个极

---

* 向兴华，四川省扶贫和移民工作局外资项目管理中心副主任；覃志敏，华中师范大学社会学院博士研究生。

重、重灾县中，有7个国家扶贫工作重点县和24个有扶贫开发任务县。地震发生后，重灾区中原2 117个贫困村受灾严重，另外399个非贫困村因灾返贫，全省灾区贫困村总数增加到2 516个。

(一)地震给贫困村发展造成巨大冲击

1. 贫困范围扩大和贫困人口增加

在全省39个极重、重灾县中共计2 516个贫困村不同程度受灾，贫困户家庭人力资本、生活设施和生产资料遭到严重破坏，贫困范围扩大，贫困发生率由灾前的11.68％上升到34.88％。另外，在四川省100个一般受灾县中，有国家扶贫工作重点县14个，有扶贫任务县72个。在这86个有扶贫工作任务县中共有贫困村5 810个。地震后，5 810个贫困村的贫困人口由89万人上升到134万人，贫困发生率由13.05％上升到19.64％。

2. 农户资本丧失严重导致贫困程度进一步加深

地震发生后，四川省地震灾区贫困村中65％以上的农户房屋被毁，牲畜、家禽大批死亡，主导产业大部分损毁，基本生产生活资料损毁严重。震后，由于在金融机构的债务无法按期偿还，农户信用等级下降，难以得到无财产抵押贷款支持。地震造成的人员伤亡，使贫困村劳动力受到较大的损失，部分村庄人力资本丧失严重。北川县漩坪乡一组有村民75户共250人，震前有耕地130亩，靠种菜、养猪、务工取得收入，2007年人均达到3 500元左右；震后全组群众住在异地板房区，仅靠临时打工维持生计，目前大部分家庭月收入不足200元。经测算，震后除政策性增收因素外，农民人均纯收入到2010年底仍不能恢复到灾前水平。

3. 贫困村生态资源环境更加脆弱

汶川地震对山区森林、植被、土壤等自然环境造成破坏，山区地质环境稳定性变差，滑坡、崩塌、泥石流、堰塞湖等次生灾害隐患增多。山体植被被毁，加上土质疏松水土流失更加严重，贫困村生态环境脆弱性明显增强。地震发生后，灾区贫困村大部分道路、人饮设施、供电系统等基础设施和村卫生室、活动室等公共服务设施受到不同程度损毁，部分耕地湮灭，农户赖以生存和发展的自然资本损失严重。自然资本和生产生活资本的损失给贫困农户生产、生活以及发展带来了极大的阻碍。

4. 扶贫工作难度加大使进程延缓

2001年以来，四川省国家规划区2 117个贫困村都逐步开展了扶贫新村工程建设，其中有 1 587 个贫困村完成了扶贫新村建设，累计投入16.2 亿元。先后投入产业发展资金 1.78 亿元，建成了一大批具有地方特色的增收产业。汶川地震给这些刚刚具备发展条件的贫困村造成毁灭性打击，多年努力建成的生产、生活基础设施基本被摧毁。严重破坏了30 年改革开放和 20 多年扶贫开发初步建立起来的发展基础，增加了四川省如期完成国家"扶贫开发纲要"任务的难度，影响了扶贫开发进程。

(二)灾后重建与扶贫开发相结合意义重大

1. 党中央与国务院的明确要求

党中央和国务院高度重视灾区贫困村抗震救灾和灾后恢复重建工作。地震发生后不久，胡锦涛总书记就提出："灾区农村恢复重建，要注重同建设社会主义新农村，推进扶贫开发结合起来。"2008 年 6 月21 日，温家宝总理在听取陕、甘两省抗震救灾工作汇报时强调："把恢复重建和扶贫工作结合起来，加大对受灾贫困地区的支持力度，从根本上改变贫困地区的生产生活条件，促进贫困地区经济社会发展。"2008 年6 月24 日，回良玉副总理在国务院扶贫办主任范小建《关于拟召开全国扶贫办主任座谈会有关情况的报告》上批示："下半年和今后的扶贫工作要坚持开发式扶贫的方针，推动农村低保和扶贫工作的结合，推动防灾减灾和扶贫工作结合，搞好灾后恢复重建和扶贫工作结合。"

2. 受灾贫困地区群众的迫切愿望

地震造成贫困村群众的自然资本、物质资本和人力资本的严重丧失，贫困加剧。村民仅靠自身力量难以恢复重建，迫切期盼党和政府给予大力支持和帮助。

3. 扶贫系统义不容辞的责任

扶贫系统的工作对象就是贫困村的贫困群众。帮助贫困村开展灾后恢复重建是扶贫系统义不容辞的责任。扶贫系统帮助村民恢复重建既能充分体现党和政府对贫困地区群众的关怀，同时又是深入实践"以人为本"科学发展观的重要活动。

二、主要做法及机制创新

要实现贫困村恢复重建与扶贫开发成功结合，需要相关部门在灾后重建和扶贫工作中大胆探索，积极创新。四川省扶贫系统在贫困村灾后恢复重建与扶贫开发相结合上主要进行了以下几个方面的积极探索：

（一）科学规划、试点先行再逐步推广

1. 用参与式方法开展试点村村级规划

省、市、县扶贫办采取竞争定村等方式确定试点村后，首先组建了试点村规划工作组，然后运用参与式方法，深入试点村开展灾情调查和干部群众灾后恢复重建的需求调查；组织召开村民大会，由全体村民共同讨论灾后面临的问题及解决的对策、办法；初步拟定试点村灾后恢复重建项目框架，召开所在市、县相关业务技术人员参加的项目可行性论证会，对村民大会讨论拟定的项目框架进行可行性论证；根据试点村实际和市场价格，制定出各子项目的技术标准和单位投资概算；编制完成试点村的灾后恢复重建村级规划。

2. 合理编制项目实施方案

由于试点村灾后恢复重建争取到的实际投入与规划投入差距较大，为使争取到的灾后恢复重建资金充分发挥出使用效益，四川省根据每个阶段争取到的资金情况和试点村需投入的规模，运用参与式方法，在村级规划基础上，组织村民大会讨论确定优先启动项目，讨论完善项目实施管理工作流程和办法，并协调相关业务部门进行项目初步设计和预算，以最大限度地满足村民最迫切的需求，充分发挥资金的使用效益。

3. 逐步推广试点经验

在贫困村试点灾后恢复重建村级规划成功经验总结的基础上，制定《全省贫困村规划编制方法》，并组织全省七个市（州）的 39 个重灾县扶贫办和 2 516 个贫困村（其中，贫困村 2 117 个，返贫村 399 个）的干部群众通过灾情评估、灾后恢复重建需求调查，参照试点村村级规划的项目技术标准和单位投资概算，编制完成了《四川省贫困村灾后恢复重建总体规划》。

（二）整合资源、高效推进

由于贫困村基础较差，抗灾能力脆弱，恢复重建难度大，恢复重建需要的时间长，因此，要完成贫困村灾后恢复重建的目标任务，光靠扶贫部门难以完成，必须广泛动员和整合社会各项资源，才能高效推进贫困村灾后恢复重建。

1. 充分调动扶贫系统内部资源

两年来，四川省扶贫办、省财政厅直接安排到村用于重建的扶贫专项资金 5 205 万元；安排无省、市对口支援的 18 个县、126 个受灾贫困村的村级互助资金项目 1 900 万元，每个村安排 15 万元村级互助资金，

启动实施产业扶贫试点；整合新村、劳务、产业、村道、沼气扶贫工程和阿坝州大骨节病试点资金9.9亿元用于贫困村灾后重建。

2. 建立多部门合作机制

在各级扶贫部门的努力协调下，加上扶贫系统对试点村示范效果的大力宣传，贫困村灾后恢复重建得到各级领导和相关业务部门的大力支持和帮助。相关业务部门在贫困村项目规划设计和实施阶段都给予了无偿的技术支持，并安排部分行业项目资金用于试点村和其他贫困村的灾后恢复重建。如四川省中江县的光明村整合了水利部门"旱山村工程"30余万元、农能办沼气池项目10万元、建设部门村镇建设资金38万元，共计78万元用于建饮水设施、沼气池、集中安置点场地平整、垃圾收运点和道路建设等灾后恢复重建项目。三台县潼川镇百鹤寨村灾后新建村道公路2.7千米和维修社道5千米，使6个村民小组、1 850人受益。根据村民大会讨论，新建村道建设标准为路基宽4.5米，有效路面宽度3.5米的水泥路。新建村道和维护修社道工程合计总投资为121.94万元，由县扶贫办、交通局、农机局等投入灾后重建资金93万元，村民自筹17万元，业主投资11.94万元，村民投劳0.6万个。工程采用对外招标承包方式实施。在项目实施过程中，由县交通局农村公路建设指挥部办公室主任、高级工程师刘德福、检测监督员李尚志负责施工放样报验，确保了工程的施工质量。在工程竣工验收中，由县扶贫办、县农机局工程师和潼川镇、百鹤寨村的干部组成的工程竣工验收小组对新建村道和社道维修工程进行了验收，验收结论是：按合同工程，经县交通局质量监督和县扶贫办、县交通局、村社验收合格。

(三)确保贫困农户住房重建优先

为确保受灾贫困户能按时完成住房重建、搬进新房，四川省相关部门通过深入调查研究，根据贫困群众受灾情况和自身重建能力状况，提出了受灾贫困群众恢复重建需要特殊政策扶持的建议。省政府综合各方意见，在制订农房重建补助标准时，确定了受灾的建卡贫困户重建住房的补助标准比普通受灾户每户增加4 000元，另外，在特殊党费和社会援助资金的安排上，也实行了贫困农户优先的原则。同时，还建立了地震灾区农民建房信贷担保资金支持农户的住房重建，确保了受灾贫困农户住房重建的资金需求。

(四)充分发挥村民的主体作用

贫困村群众既是贫困村的主体，也是地震后的受害者。灾情准确评估是贫困村灾后恢复重建的基础。贫困村灾后恢复重建要解决群众最为迫切的困难就必须要有村民的充分参与。贫困村受灾严重，灾后恢复重建工作时间紧、任务重，在贫困村灾后恢复重建中除了需要政府的大力支持外，必须充分发挥村民的主体作用。四川省在灾区贫困村灾后恢复重建工作中，通过入户调查、社区调查、召开村民大会、选举产生试点村项目管理组织、建立公示制度、投诉机制等方式，让村民全程参与到项目的规划、实施、管理、监督等过程中，充分调动村民的参与积极性，发挥村民的主体作用。

(五)加强能力建设

1. 加强扶贫系统的能力建设

省扶贫办多次组织贫困村灾后恢复重建项目规划培训、现场规划培训、项目管理培训等大型培训会，各市(州)也组织了相应的培训。通过各类型的培训会，有力推动了贫困村灾后恢复重建规划工作和贫困村项目实施工作的开展，提高了扶贫队伍的工作能力和水平。

2. 加强贫困村农户的能力建设

除省上多次组织试点村农户进行农业实用技术培训和劳动力转移培训外，各县(区)扶贫办也协调相关业务部门开展农房重建知识讲座、工匠培训，自建基础设施工程技术培训和农业产业技术培训。通过各类型技术、技能培训，加上村民全程参与项目规划、实施、管理和监督，贫困村村民自我组织、自我管理和自我发展的能力得到明显提高。

(六)科学管理

在贫困村恢复重建中，根据国务院扶贫开发领导小组《财政扶贫资金管理办法》的要求，加强资金和项目质量管理，并实行资金预拨制和报账制。明确县(区)相关业务部门职责，确保项目实施质量，并由试点村选出的项目监测小组进行工程进度和质量的监测。项目竣工后，由乡(镇)、村干部和村民代表共同组织初验小组；初验合格后，由县扶贫办组织财政、交通、水利、农业、建设、监察、审计等部门进行检查验收，项目检查验收合格，在财政部门报回剩余资金，并报上级主管部门备案。同时，贫困村上报项目实施方案时，就把项目工程的后续管理方案作为一个必需的内容，并在工程完成后按章执行，如旌阳区清和村建立了村道实行分段落实专人负责、成立管护小组管理、维护机沉井和水渠的后续管理方案。

(七)建立和完善项目的公示制度和投诉机制，接受村民的监督

1. 建立和完善项目公示制度

将项目管理组织、项目的实施方案、项目工程招标、资金使用、工程进度等各环节和内容均在村级事务公开栏和各村民小组显著位置向村民进行公示，接受村民的监督；并定期召开项目管理小组、资金管理小组和监督小组会议，解决建设过程中出现的问题。

2. 建立和完善项目投诉机制

为真正将参与权、决策权、管理权、监督权交给全体村民，发挥全体村民灾后重建的积极性，大部分县扶贫办、乡镇和试点村村委会确定专门的投诉受理人，向村民公布投诉受理联系方式，接受全体村民对灾后重建项目选择、工程管理、质量监督、工程进度、资金使用等方面的监督和投诉。

三、灾后恢复重建取得的成效与面临的挑战

(一)贫困村灾后恢复重建取得成效

在省委、省政府和国务院扶贫办的大力支持下，经过两年努力，四川省 39 个极重、重灾县的 2 516 个贫困村的灾后恢复重建取得了显著成效。截至 2011 年 2 月底，由扶贫部门直接组织实施的 1 224 个贫困村的灾后恢复重建共开工 1 224 个村，开工率 100％，完工 1 194 个村，完工率 97.54％；完成投资总额 30.66 亿元，占计划投入 30.99 亿元的 98.94％，其中，中央基金完成投资 6.6 亿元，占计划投入的 98.95％；省基金(扶贫投入)完成投资 5 010 万元，占计划投入的 96.25％；社会投入 23.55 亿元，基本上实现了中央提出的"三年任务两年基本完成"的目标。

1. 灾区贫困村生产生活条件得到基本恢复

主要表现在：灾区贫困村农房维修与重建基本完成；道路、水利等基础设施，教育、医疗、环保等公共服务设施得到一定恢复与改善；村两委执政基础、决策能力显著增强；基层组织民主管理体系进一步完善；干群关系更加紧密，农村社会资本明显增加。灾后重建取得的成效为灾区群众震后安居乐业、致富增收打下了基础，为贫困村新农村建设创造了有利条件。

2. 村民的主体作用得到发挥

通过用参与式方法开展贫困村灾后恢复重建试点工作，让村民全过

程参与项目的规划、实施管理和监督，使贫困村的民意得到充分体现、民愿得到最大实现、民主得到充分发挥，确保了贫困村村民的知情权、决策权、参与权和监督权，极大地调动了村民的参与积极性。村民积极参与规划和项目实施，在涉及承包地、自留山、自留地等村民切身利益时，贫困村村民舍小家，顾大家，主动按规划要求配合项目实施，自觉服从恢复重建这个大局，积极投工、投劳、筹资，主动参加试点项目的工程建设和质量监督，大力发展生产和农房重建，不等不靠，自力更生，艰苦奋斗，充分发挥了村民在灾后恢复重建中的主体作用。

3. 提高了贫困村的自我发展能力

在贫困村灾后恢复重建中，村干部和村民通过积极参与项目的筛选、实施、管理和项目组织的各种培训，提高了贫困村的对外协调、当家理财、项目工程管理和自主决策村级事务的自我发展能力。马口村村委会主动与区信用社协调，为每户农户争取了 2～3 万元的农房重建贷款；青川县木鱼村村委会主动协调国家级扶贫龙头企业川珍实业有限公司，并在其支持下，恢复重建了森林蔬菜、食用菌等产业，重新建立起了专业协会。全村恢复大棚蔬菜 22 个，常规蔬菜 250 亩；种植竹荪、木耳、袋料香菇大户 108 户，种植竹荪 70 亩，木耳椴木栽培 3.2 万棒，袋料香菇 3.8 万袋。

4. 密切了干群关系，促进了社区和谐

在贫困村灾后恢复重建中，村支部和党员继续发扬"一个支部一个堡垒，一名党员一面旗帜"的精神，带头宣传发动，积极参加投工投劳，充分发挥了党员的先锋模范作用，有效地改变了党员、干部在群众心目中的印象，密切了干群关系。村民之间在共同参与项目规划、实施、管理的全过程中，增进了沟通和了解，化解了矛盾，减少了纠纷，形成了互帮互助的良好氛围，促进了社区和谐。利州区马口村在村支部的带领下，用"统规联建，统建统分"的方法开展灾后恢复重建，将贫困村灾后恢复重建与新村建设、生态建设、基础设施建设及产业发展进行统一规划设计、统一组织实施、统一考核奖惩；在农房重建上，将受灾群众集中安置点农户的资金、物资、劳动力等整合起来，有序组织受益农户共同参与，互帮互助，共同完成建房任务。通过灾后恢复重建，基层组织的凝聚力、战斗力得到提高，社区更加和谐。

(二)存在的问题和面临的挑战

随着四川省灾后恢复重建"三年任务两年基本完成"目标的实现，四川省灾后重建全面进入了发展和提高的后灾后重建时期。经过灾后恢复重建，四川省贫困村在农房、生产生活基础设施等社区各个方面的发展水平都有很大提升。崭新的农房和圈舍，宽阔平坦的村社道路无不显示着灾后重建给贫困村带来的巨大变化，也表明灾区贫困村生产生活得到了恢复，部分贫困村甚至超过了震前的发展水平。然而，在后灾后重建时期四川省贫困村的发展仍面临诸多困难和挑战。

1. 贫困村生态资源环境仍然十分脆弱

经过灾后恢复重建，虽然贫困村生产生活设施得到恢复，部分村庄甚至超过了震前水平，但地震后贫困村生态资源环境依然脆弱。汶川地震对山区森林、植被、土壤等自然环境造成破坏，山区地质环境稳定性变差，滑坡、崩塌、泥石流等次生灾害隐患长期存在，山体植被、水土流失现象依然严重，贫困村生态环境仍需要很长的恢复期。

2. 农户负担、负债重

在灾后恢复重建后，大部分农户都建起了崭新的楼房，改善了居住环境。但据统计，贫困村农民几乎没有积蓄，农房重建后，户均负债约4万元、人均1.20万元；村内基础设施和其他公益设施建设，贫困村群众户均集资500元、人均150元，户均投工投劳负担50个、人均15个。与地震前相比，地震后贫困村农户负债的普遍性更广，程度更深。另外，灾前部分农户在银行或信用社贷款建新房，地震后又继续负债重建农房，这部分农户负债更重，贫困程度更深。

3. 因灾致贫、返贫现象比较突出

地震使贫困村农户的农田、坡地、林地遭到严重破坏，用家庭所有积蓄建成的房屋、圈舍毁于一旦，辛苦养殖的牲畜、家禽大量死亡，经济储备损失殆尽。特别是在极重灾区，人员伤亡惨重，使贫困家庭生活更加艰难。如青川县三凤村，该村在地震中有32人死亡，167人受伤，损失土地1 644亩，震后所有农户全部返贫。一般灾区中的安岳县，因灾、因病返贫户也占贫困户总数的10%左右。

4. 生产发展困难

虽然纳入国家灾后恢复重建总体规划的《汶川地震四川省贫困村灾后重建规划》总投资达到89.98亿元，村均357万元，但灾后恢复重建时期实际安排用于贫困村灾后恢复重建中央基金为14.36亿元，平均每村只有57万元。在资金不足的情况下，为最大限度地满足贫困村群众的愿望和使有限资金发挥最大效益，四川省贫困村灾后恢复重建根据农户迫切需求，将中央基金投入到村社道路、小型水利和饮水设施等村内最主要基础设施项目，而对农户生产恢复资金投入严重不足，加之收入水平低等诸多原因，使得贫困群众几乎没有积蓄。贫困群众在农房重建中，耗尽了所有积蓄并负债严重。此外，还要担负村内部分基础设施和其他公益设施恢复重建的集资。农房重建后，农户普遍缺乏生产启动资金，依靠农户自身能力恢复和发展生产十分困难。缺乏生产启动资金，灾后可持续发展就无从谈起，"住着新房子、手中无票子、过着穷日子"是地震灾区贫困村群众的现实写照。

四、后重建时期灾后重建与扶贫开发相结合的探索

四川省灾区贫困村面临的各种挑战表明，后重建时期扶贫帮困取代灾后重建成为灾区贫困村可持续发展的重要举措。为有效解决后重建时期灾区贫困人口面临的各种困难，实现贫困村灾后恢复重建可持续发展，四川省扶贫系统在后重建时期提出坚持扶贫帮困与灾后恢复重建相结合，坚持扶贫开发与发展特色产业相结合的原则。省扶贫移民局为贯彻落实省委、省政府办公厅《关于促进汶川地震灾区扶贫帮困的意见》的要求，充分运用贫困村灾后重建的成功经验，探索出灾区贫困村灾后产业扶贫试点村发展、灾区贫困村整村推进扶贫、灾区贫困村分类等灾后重建与扶贫帮困相结合机制，主要做法如下：

（一）编制完成《汶川地震四川省贫困村灾后扶贫总体规划》

为加大对地震灾区扶贫支持力度，解决受灾贫困村灾后可持续发展问题，四川省扶贫和移民工作局通过深入调研，编制完成了《汶川地震四川省贫困村灾后扶贫总体规划（2010—2015年）》（以下简称《规划》）。《规划》总投资381亿元。规划区域为四川省39个极重、重灾县的2 516个贫困村和86个有扶贫开发任务的一般受灾县中的5 810个贫困村。2010年7月《规划》已由省政府上报国务院，在国务院第五次和第六次灾后重建协调小组会议上，同意纳入国家第十二个五年国民经济和社会发展总体规划和国家未来十年扶贫开发纲要（2011—2020年），并作为特殊类区予以重点扶持。

（二）开展地震灾区贫困村灾后产业扶贫试点工作

进入后重建时期，灾区贫困村的主要问题由灾后重建转向了发展与增收。为实现灾区贫困村农业产业发展和探索具有优势资源的贫困村灾后产业发展模式，四川省扶贫移民局根据省委、省政府《关于促进汶川

地震灾区扶贫帮困的意见》的要求，在全省有扶贫工作任务的 31 个极重和重灾县每县选择 1 个村投入 100 万元财政扶贫资金，开展地震灾区灾后扶贫试点工作。充分发挥扶贫资金"四两拨千斤"的杠杆作用，整合各方资源要素，带动贫困村经济发展。试点村以自身优势资源为依托、以市场需求为导向，在充分尊重村民意愿基础上，科学规划、合理布局，精心筛选项目。重点发展种植业、养殖业等特色产业，实现以项目兴产业，以产业促发展，帮助灾区贫困群众解决长远生计问题。目前，四川省已对 7 个市（州）、31 个县扶贫办和 31 个试点村的村干部进行了试点工作方法培训，组织到沿海发达地区考察学习农业产业发展的经验，并开展了试点村的村级规划和实施方案编制，项目实施正在有效推进。

（三）开展灾区贫困村分类研究

四川省扶贫移民局利用中德技术合作项目的赠款资金，聘请四川农业大学专家团队对重灾区 2 516 个贫困村开展贫困分类研究。通过对不同类型贫困村及其扶贫发展策略的差异性和有效性进行研究，对贫困村进行分类。在对贫困村进行分类的基础上，确定不同类型贫困村依靠自身地理、资源优势的发展方向和扶贫投入，实现对贫困村分类指导。目前，《灾区贫困村分类研究项目建议书》已上报国务院扶贫办和德国技术合作公司待批。

（四）开展灾区贫困村整村推进扶贫发展规划

四川省扶贫移民局与国务院扶贫办和德国技术合作公司合作，利用中德技术合作贫困村灾后重建项目资金，聘请四川农业大学编写《四川省灾区贫困村整村推进扶贫发展规划编制操作指南》，并由四川农业大学专家团队对全省 31 个灾后扶贫试点村的整村推进扶贫村级规划制定进行现场指导。在总结 31 个灾后扶贫试点村村级规划经验的基础上，对《四川省灾区贫困村整村推进扶贫发展规划编制操作指南》进行完善，最后逐步在重灾区 2 516 个贫困村整村推进扶贫村级规划工作中进行全面推广。

（五）逐步实施具有生态补偿效益的扶贫开发项目

2010 年 10 月 15 日十七届五中全会在北京召开，大会审议并通过了《关于制定国民经济和社会发展第十二个五年规划的建议》（以下简称《建议》）。在《建议》中明确提出"要加快建立健全生态补偿机制和逐步建立碳汇交易市场"的方针，为四川省地震灾区贫困村实施具有生态补偿效益的扶贫开发项目指明了方向。四川省扶贫移民局计划在地震灾区灾后扶贫中逐步引导那些缺乏发展规模化农业生产条件的贫困村走绿色、生态、环保、低碳的发展道路，使灾区贫困村农户能从国家逐步完善的生态补偿机制和碳汇交易中获得稳定的收入来源。

五、灾后重建与扶贫开发相结合的启示

四川省坚持灾后恢复重建与扶贫开发相结合，在近三年的灾后恢复重建中有效改善了灾区贫困村的生产生活条件。四川省在贫困村灾后恢复重建推进方式上科学规划，试点先行，逐步推广；在贫困村灾后重建过程中强调社区参与，充分体现村民的主体作用；在贫困村灾后恢复重建投入上积极整合部门资金，强调多部门合作与资源整合等。四川省在灾后重建与扶贫开发相结合的积极创新对灾后重建时期灾区贫困村的可持续发展有一定启示。

（一）坚持防灾减灾与扶贫开发相结合

我国现有 592 个国家级贫困县中 70％处于生态脆弱区，自然灾害的频繁发生对贫困村经济发展造成的危害极大。汶川地震对贫困村造成的破坏表明，自然灾害是导致我国农户贫困的主要原因之一。北川县陈家坝乡的地坪村和太洪村，两个贫困村灾后人均耕地只有 0.1 亩和 0.2 亩，大部分农户的宅基地完全损毁，只有靠乡政府集中征地进行农房重建，在现有的耕地上发展生产，维持生计也十分困难。2009 年两个村少数农户原址重建的房屋刚封顶，便因"9·24"洪灾造成的山体滑坡将新房全部淹灭，这些农户只有重新举债重建农房。因此，要保证灾区贫困村可持续发展，在地震灾区中应当坚持灾后恢复重建与扶贫开发相结合。要深刻认识和贯彻落实中央领导关于"把灾后恢复重建与扶贫开发相结合"的重要指示精神，增强责任心和紧迫感，贯彻落实科学发展观，要在已经制定的"自然灾害应急预案"和认真总结贫困村灾后恢复重建经验的基础上，加强与有关部门沟通协调，共同调查研究，形成共识，逐步建立起相互配套、相互支持的灾中救急、灾后重建的机制，实现资金、政策和措施的相互衔接，发挥整体效益。

（二）坚持贫困村灾后重建与整村推进和连片开发相结合

整村推进、连片开发是我国扶贫开发的主要方式和重要内容。灾区贫困村的扶贫工作需要将整村推进、连片开发与灾后重建结合起来，通过整村推进完善灾后重建，通过灾后重建促进贫困村的可持续发展。而要实现灾后重建与整村推进和扶贫开发相结合，规划的制定十分重要。

(三)坚持扶贫政策与农村低保制度相结合

按照国务院扶贫办的统一部署，开展扶贫开发和农村低保"两项制度"有效衔接试点工作，准确识别低保户和扶贫户。对低保户实行应保尽保，解决其基本生存；对扶贫户实行应扶尽扶，改善其基本生产生活条件。通过试点，建立起灾区低保救助和开发扶贫"两轮驱动"新格局，有效提高灾区贫困村扶贫开发整体水平和效益，使贫困人口尽快稳定解决温饱并脱贫致富。

(四)坚持外部帮扶与激发内在活力相结合

灾区党委、政府要尽心尽力帮助贫困群众做好事、办实事、解难事。同时，也要充分尊重他们的主体地位，激发他们的满腔热情，发挥他们的聪明才智，激励他们继续坚持"出自己的力，流自己的汗，自己的事情自己干"的自力更生、艰苦奋斗精神，不等待、不松劲、不停顿，用自己双手建设新的更加美好的家园。

(五)坚持扶贫开发与发展特色产业相结合

整合各方资源要素，带动贫困村经济发展。以自身优势资源为依托、以市场需求为导向，在充分尊重村民意愿的基础上，科学规划、合理布局，精心筛选好项目。重点发展种植业、养殖业等特色产业，实现以项目兴产业，以产业促发展，帮助灾区贫困群众解决长远生计问题。

(六)坚持政府主导与社会各界帮扶相结合

尽力做好中央和省级党政机关在灾区的定点扶贫，对口帮扶，以及"领导挂点、部门包村、干部帮户"活动等的服务协调工作，争取各帮扶部门单位对灾区扶贫帮困更多的支持。进一步动员社会各界力量参与扶贫帮困，真正形成灾区"大扶贫"的新格局。

自然资源可持续利用与扶贫发展的
环境风险管理策略
——以四川省平武县大坪村野生中药材可持续利用为例

邓维杰*

【摘　要】 自然资本对于贫困户和贫困社区而言是最为重要的生计资本，无论是其生存还是发展。而生计资本中的自然资源尤其是可再生的自然资源的可持续利用一旦能够真正实现，不仅能为社区提供有效的环境灾害管理保障，而且也能为社区的可持续发展提供基础。四川省平武县水晶镇大坪村基于社区的可持续的中药材利用实践，为我们提供了一个有关有效的环境风险管理与扶贫发展的新模式。基于社区意愿和管理机制的环境风险管理模式推动的不仅仅是自然资源的可持续利用，也实现了基于社区的有效的环境风险管理，并且实现了环境(生物多样性保护)和社区发展的双赢。

【关键词】 自然资源　可持续利用　环境风险　扶贫发展

一、生计资本理论与自然资源

众所周知，常规的生计资本理论涵盖了以下五个方面：

(1)自然资本：包括土地、林地、水源、牧场等可用的自然资源；

(2)财务资本：可获得的并可支配的财务财政资源，例如存款、借款、贷款、汇款等；

(3)物质资本：公路、水利设施、通讯等可用的基础设施；

(4)人力资本：包括有效的劳动力数量与劳动力质量(技能水平)；

---

* 邓维杰，四川农业大学旅游学院副教授。

(5)社会资本：即可用的社会关系，包括群体内部和群体外部的各种社会服务系统(网络)资源。

不同的群体和个体具有不同甚至完全不同的生计资本。对于农村尤其是农村贫困群体而言，其生计资本的构成之间差异是十分明显的。不同的生计资本水平甚至决定了其生计发展水平。对于农村贫困群体而言，哪个生计资本相对更为重要呢？中国传统的谚语表达了其实质：近山为农；居海为渔；落草为牧；临街为商。

上述谚语非常形象地回答了"何谓农民？何谓渔民？何谓牧民？何谓商贩？"当农民失去土地(林地)，当牧民失去牧场，当渔民失去大海、河流和湖泊等的时候，他们将不再是农民、牧民或者渔民，也将失去维持其具有农民、牧民和渔民属性的生计基础，失去脱贫和发展的基础资源。

二、关于环境风险

从目前情况看，除了强震、海啸等灾害之外，贫困社区面临的环境风险更多是属于常见的广谱性的灾害，包括火灾、洪灾、旱灾、台风、冰冻、虫灾、气候变化、暴雨、沙尘暴、暴雪、泥石流、地质滑坡、风灾等。

不同类型的灾害风险和出现频度不一，致贫影响也不一样，对应的风险管理策略和措施也应该呈现多样性和针对性。例如海啸、台风等可以采取工程措施，包括修建防波堤等。而有的环境灾害既可以采取工程措施(例如防洪水库、防旱水窖等)，也可以采取社区能力建设措施，通过有效的日常管理方式有效管理灾害。例如，社区组织培育、基于社区的管理制度(村规民约)、经济类型转型、创收多样化等。所形成的稳定的生计资本不仅可以为社区提供稳定的服务，包括生态服务和经济服务，还可以降低社区的环境风险，以及降低环境风险的冲击强度，缓解社区的贫困状态和贫困的脆弱性，促进贫困社区的脱贫和发展。对于中国这样一个发展中国家而言，无论是针对累积性贫困(例如洪灾、干旱等)，还是突发性贫困(例如地质滑坡等)，在资金投入巨大的工程措施(人工建筑)成为主体的环境风险管理措施之前(之外)，更现实和经济的措施应该是生态治理，也就是采取恰当的自然资源管理手段，建立和维持自然资源的生态功能和发展功能，建立和增强社区的避险能力，达到防灾减灾和扶贫发展的双重目的。可持续的自然资源管理就是十分重要的策略和手段之一。这将涉及基于社区的后续维护机制、社区资源可持续利用管理机制、社区资源管理和发展组织的培育等。

我们知道,社区灾害通常都包括以下几个阶段或者时期:

(1)常态期;

(2)灾害期;

(3)稳定期(恢复);

(4)再次进入常态期。

基于社区的自然资源管理和可持续利用机制应该在常态期得以建立和有效运行,才能在整个灾害周期范围内发挥防灾减灾和扶贫发展的作用。四川省平武县大坪村在这个方面已经有了很好的实践和体会。

三、大坪村的可持续自然资源利用实践

(一)大坪村的基本情况

大坪村地处四川省北部的绵阳市平武县水晶镇,由于地处高山之上,当地人俗称其为大坪山,周边是数个大熊猫自然保护区,自然资源非常丰富(见图1)。根据 2010 年的调查,全村有 5 个社 84 户 420 人,是一个藏族、汉族和回族混居的社区。全村有耕地约 963 亩,社有林面积高达 15 000 亩,以及村有林 8 000 余亩。丰富的林地资源和特殊的地理环境孕育了极其丰富的野生中草药资源。正因为如此,虽然大坪村与众多川北高山社区一样,种植玉米、土豆以及养殖牛羊等是其基本生计方式,但是,采集野生中药材一直都是大坪村及其临近社区重要的现金收入来源,当地一些村民也以收购贩运中药材为生,外出打工不是大坪村村民的优先生计选择。

图 1 大山深处的大坪村

在大坪村的社会经济调查中发现，当地村民采集最多的野生药材主要是价格高昂的贝母、羌活、天麻和虫草等，采集的量也比较大，对家庭收入的贡献比例也比较高。与此同时，大坪村(包括周边社区)对野生中药材的采集利用一直都是处于一种有收购就采集、收购价低少人采集、收购价高就乱采，并且各自为政的状态。这种资源利用模式不仅是不持续的，而且对当地可持续生计和生态环境保护都造成了显著的破坏。为此，世界自然基金会(WWF)与中欧生物多样性项目(ECBP)合作，在大坪村开展了可持续野生中药材经营管理利用项目。该项目的目的，就是通过建立可持续的自然资源(野生中药材)管理利用机制，推动当地可持续生计发展和生态环境(生物多样性)的有效保护。

(二)目标资源的选择

虽然大坪村野生药材非常丰富，但是由于长期的无序采集，导致许多贵重药材(如上面所述物种)已经趋于灭绝状态，包括可采集物种的数量、分布，可采集生物总量。与此同时，不同物种也面临多种社会经济压力，包括社区的采集喜好、市场需求(包括价格攀升和需求攀升)、市场贸易规范状态等。因此，可持续的自然资源利用和生计发展在目标资源(物种)的选择上必须考虑以下因素：

(1)是否为法定可利用物种(国家保护级别)。

(2)资源权属是否明确(冲突少)。

(3)分布区域大小。

(4)可采集生物量大小。

(5)物种(自我)更新能力大小。

(6)社区认可度(兴趣)。

(7)市场潜力。

(8)成本效益。

(9)市场竞争程度。

(10)社区尤其是弱势群体能否公平受益。

(11)可持续管理机制建立的难度。

(12)其他必须考虑的因素。

在这种情况下，大坪村包括周边社区目前高强度利用的虫草、天麻、贝母等面临巨大的市场需求压力，价格高昂，规范采集的难度非常大，想让社区立即规范其采集的话，很难得到社区的接受和支持。经过多次协商，具有较好可采集生物量、分布广泛、保护级别低，但市场潜力巨大的华中五味子(Schisandra Sphenanthera)被各方确定为项目的目标物种(见图 2),尝试对其进行可持续的管理利用。

图 2　大坪村的野生华中五味子

(三)社区管理组织的培育

项目协助者在经过与大坪村村民多次和反复的协商后,大家认可应该立即在大盘股农村成立针对野生中药材可持续利用和管理的社区组织,并提出了多个选项。这些选项包括:

(1)村民自愿将耕地出租给药材老板,由药材老板独立生产经营,村民只按照合同定时收租金,租期自行商量确定,若有可能还可以在药材老板处打工挣钱。但这种方式没有成立协会的必要,合同关系是各个农户与老板的关系。现在全村已经有大概 30 多个农户将土地使用权按照 30 年期限出租给药材老板。这种方式的特点是简单,村民不用担心生产营销,定期领租金即可,但缺点是村民的收益不高,同时对改善野生药材的采集没有任何影响,与项目目标缺乏关联。

(2)药材种植户自愿成立大坪村中药材生产者协会,会员全部都是大坪村的村民,没有外来户,协会自我管理,与药材老板只是产品买卖关系。这种方式的缺点是社区自主管理容易弱化,会员很容易各自为政,开展生产经营尤其是销售活动,协会很容易名存实亡,与外界老板签订的合同很难保证得到实现,尤其是在价格波动大的时候。

(3)药材种植户与相关机构(例如药材老板、政府服务部门等)自愿组成平武水晶中药材生产经营者协会,会员包括在大坪村的药材种植户(村民和承包者)、药材老板、技术服务者(例如镇政府林业技术服务中心等)。协会统一与外界签订种植和销售合同,然后把生产和营销计划分解到协会会员中,会员按照协会要求在自己的土地上独立种植管理,协会提供统一的种子、技术和市场服务，并通过协会按照合同进入市场，会员不得自行销售，也不能擅自改变生产计划(例如种植面积、地点和药材种类等)。此方式的优点是种植户与经销商、服务商团结在一起共同面对生产和市场风险，而不是生产和销售各管各的，可以降低种植户对市场销售不好的担心和经销商对种植户不按照市场要求开展生产的担心，协会会员共担中药材生产经营的盈亏。

(4)药材种植户与药材老板等共同成立大坪村中药材生产经营合作社，按照《中华人民共和国农民专业合作社法》要求管理运作。该方式涉及出资、非村民参与者比例、设立社员账号、成立董事会、监事会等要求，操作过程和要求都比较复杂。但目前大坪村村民之间以及村民与药材经销商之间尚缺乏足够的信任，中药材生产者(采集者)对机构和市场还严重缺乏信心，所以该选项目前还不具备选择的条件。

(5)村民与药材老板共同成立水晶中药材生产经营公司，村民以土地经营权入股，老板以资金和技术入股开展中药材的种植和经营活动。入股村民根据自己入股的大小来分红，同时有机会也可以在公司打工获得另外的收入。这种形式的缺点是小规模的种植户将很难干预公司运作，社区能力很难提高，同时无法保证这种形式能够在生产经营和生物多样性保护方面取得预期的效果。

最终，大坪村村民、水晶镇政府以及项目管理方与 WWF 达成共识，决定先成立中药材生产经营者协会，如果今后条件许可，可以转换为合作社或者公司形式。2008 年 10 月 19 日，平武水晶中药材生产经营者协会正式成立，所有协会会员全部是自愿报名入会。水晶镇政府还为协会提供了紧靠药材市场的办公场地(见图 3)。

图 3　大坪村中药材生产经营者协会办公室

（四）基于社区的管理机制和能力建设

根据平武水晶中药材生产经营者协会工作计划的安排，野生华中五味子的可持续采集利用成为协会运作的第一个项目活动。为此，项目为协会提供了一系列的能力建设等支持服务，包括协助大坪村开发了华中五味子的科学采集方法(指导手册)、野生五味子的科学加工方法(指导手册)、大坪村(野生五味子)可持续采集加工管理办法(村规民约)、协会管理章程等，并协助大坪村通过社区大会选举了大坪村自然资源管理小组成员，确定了资源管理小组职责等，以规范协会的运作和管理。

通过一年的运行，协会的制度建设和经营能力建设取得了明显成效。协会会员也从成立之初的60户增加到80多户，全村村民基本都申请成为了协会会员。同时，在项目的帮助下，协会与美国的一家商业公司签订了购销合同。2009年9月，首批满足科学加工、可持续采集和高品质加工要求的500千克野生五味子顺利出口到美国。这500千克华中五味子不仅得到了美方公司的认可，还获得了2010年10吨华中五味子的新订单。由于大坪村的野生华中五味子采集在科学、高品质和可持续(保护与利用)方面得到了美方公司的认可，使得野生五味子的产地销售价格也从过去的每千克4元～6元提高到2009年的每千克16元～20元，2010年则高达每千克24元。社区完全认可了"有效保护、持续利用、高额回报"的理念，遵守可持续采集的村规民约，维护社区资源及其可持续性成为大坪村村民的共识和自觉行动。

图4 大坪村村民立于村入口处的村规民约

与此同时，大坪村村民和其他关键利益相关者也意识到，由于协会不具有独立的经营权，无法与其他经济体直接签订经济合同，也没有银行账号接受法定汇款，制约了其与美国合作公司的继续合作。成立具有独立经营资格的合作社或者公司成为必然。为此，2009 年 10 月，协会管委会召开全体会员大会，不仅改选了协会管理委员会成员，还确定成立中药材合作社，凡是愿意加入合作社的协会会员都可以申请。2009年 12 月，项目专门组织协会会员和合作社积极分子外出考察了其他农民经济合作社的成立和运行管理。2010 年 5 月，平武县水晶中药材种植专业合作社正式成立。这使得大坪村自然资源的管理和可持续利用在基于社区的组织化和机制化管理方面得到了进一步的加强。

图 5　大坪村中药材种植专业合作社办公室

　　需要说明的是，大坪村中药材种植专业合作社的成立和运行，已经进入市场化运作阶段，开始脱离对项目的依赖。该合作社的办公场地、日常运行费(水、电等)全部自己承担，项目支持的部分中药材加工设备(烘干机)也完全按照市场化进行运作。

　　监测显示，在大坪村已经不存在过去采集五味子时常见的砍树、砍藤(方便采集)以及提前采集(科学的采集时间应该是每年 8 月底 9 月初的前后两周)的现象。2010 年，大坪村通过新成立的中药材种植合作社将华中五味子的可持续采集范围从单一的大坪村扩展到附近三个乡镇13 个行政村。与此同时，大坪村村民将可持续采集的模式从华中五味子扩大到大黄重楼、大黄、玉独活等其他野生中药材种类上。2010 年 9月初，数家美国药材经营公司老板对大坪村进行了实地考察，高度认可了大坪村村民通过可持续的中药材利用方式推动扶贫发展和生态环境保护的实践和成效，签订了基于这种模式下的长期战略合作合同。这再次激励了大坪村对野生中药材可持续管理和利用的信心。

四、大坪村实践的启示

大坪村村民对野生中药材的采集，从单纯的生计需求驱动，发展为可持续生计发展与生态环境保护驱动，从无序的个体行为逐渐发展成为有序的基于社区组织管理机制的过程，显示了自然资源的可持续利用，不仅是类似社区可持续扶贫发展的策略之一，也是社区环境风险有效管理的策略之一。这个过程的实现和维持，不仅强化了社区的生计资本中的自然资本，也强化了社区防灾减灾的能力，极大地缓解了环境风险对社区生计的冲击强度和持续性。大坪村虽然地处深山密林之中，但地质滑坡和洪灾对于社区而言并不陌生，不过这种情况已经得到明显缓解。2008 年"5·12"汶川大地震并未因地质滑坡以及后续的洪灾对大坪村产生明显影响。虽然 2011 年 3 月外界支持的项目已经结束，但大坪村村民依然在协会和合作社的组织下持续地开展相关工作，也显示了社区对这种模式的高度认可。

大坪村的自然资源可持续利用与生态环境保护模式对于类似社区的可持续发展和环境风险管理无疑具有以下启示：

启示一：社区对其具有生计资本属性的自然资源必须具有可控的法律关系，权属必须明确。

启示二：社区应该在可持续的自然资源管理方面具有法定的权利和机会，并通过有效的村规民约来落实具体的管理方式。

启示三：社区必须对通过可持续的自然资源管理实现有效的扶贫发展和环境风险管理的愿景高度认可并拥有这个进程。

启示四：市场的问题还是要通过市场机制来解决，促进社区从单纯的资源利用者向保护者的角色（自觉）转换。

启示五：建立社区组织的公信力和运作能力，包括市场管理能力。因此成立社区发展和管理组织是基本途径。

启示六：建立针对社区的综合服务体系。

在这种情况下，社区不仅能够建立和维持持续的生计资本，也能实施有效的社区环境风险管理，降低社区生计的环境风险，促进社区生计的可持续发展。因此，基于社区有效的自然资源可持续管理机制，也是有效的扶贫发展与环境风险管理的策略之一。

灾害风险消减的成本收益分析

Christoph I. Lang[*]

【摘　要】　自然灾害越来越频繁，灾害风险消减(DRR)变得越来越重要，对于发展中国家来说尤其如此。但是，由于其价值很难通过通常的成本收益分析揭示出来，DRR在发展中国家常常得不到重视。发展灾害保险可以改进DRR的成本收益分析，有助于推进发展中国家采取DRR措施。

【关键词】　DRR　脆弱性　成本收益分析　保险

成本收益分析往往作为建设和评估公共项目的基础，因为纳税人希望他们的钱能够得到充分有效的利用。成本收益分析也适用于灾害风险消减(Disaster Risk Reduction，简称DRR)措施，这类措施不仅对于保护生命和基础设施的安全是非常重要的，而且是政府的基本职责[①]。

DRR是一项长期任务，很难有立竿见影的效果。因此，这项工作所需预算和人员可能很难得到批准[②]。DRR与发展具有很强的关联性。不同国家推行DRR措施的方法是不一样的，发达国家和包括中国在内的发展中国家不一样，发展中国家之间也不一样。

在发展中国家，DRR往往被忽视，尽管这些国家饱受灾害折磨，并且通常更加缺乏回应灾害打击的能力。缺乏灾害应对措施，会导致难

＊　Christoph I. Lang，瑞士驻中国大使馆官员。

①　International Strategy for Disaster Reduction (ISDR)，*Hyogo Framework for Action 2005-2015：Building the Resilience of Nations and Communities to Disasters*. 2005. Retrieved May 15, 2008, from http://www.unisdr.org/wcdr/intergover/official-doc/L-docs/Hyogo-framework-for-action-english.pdf.

②　The World Bank and The United Nations (WB/UN)，*Natural Hazards，Unnatural Disasters：The Economics of Effective Prevention*. 2010. Washington, DC, USA. Retrieved April 12, 2011, from http://www.gfdrr.org/NHUD-home.

以改变的脆弱性，进而使得可持续发展变得步履维艰①。本文将简要阐述 DRR 的价值，并说明如何运用成本收益分析方法呈现这种价值。

一、风险、灾害、脆弱性和自然灾害

本文将风险定义为灾害和脆弱性的产物。有时候，暴露状况和应对能力可以看做脆弱性的一部分②。

灾害是指"可能导致人员伤亡、健康受损、财产损失、生计和服务中断、社会经济崩溃或环境破坏的危险现象、物体、人类活动或状态"③。自然灾害——本文只讨论这种类型的灾害——是指"可能导致人员伤亡、健康受损、财产损失、生计和服务中断、社会经济崩溃或环境破坏的自然过程或现象"④。但需要注意的是，要界定某个灾害到底属于真正的自然灾害，还是在某种程度上属于人为灾害，常常是很困难的。早在 1999 年，联合国秘书长安南已经对"自然灾害"这个术语提出了质疑。对于那些与气候变化有关的灾害来说，要区分自然灾害和人为灾害，显得尤其困难，且特别容易引起争议⑤。

脆弱性——风险的另一个组成成分——可以定义为"社区、系统或资产的特征和环境，这种特征或环境使得该社区、系统或资产遭受自然灾害时很容易出现破坏性后果"⑥。当灾害和特定环境下的脆弱性相结合时，灾害

---

① Department for International Development（DFID）, *Disaster Risk Reduction: A Development Concern*. 2005. Retrieved May 27, 2008, from http://www. dfid. gov. uk/Pubs/files/drr-scoping-study. pdf.

② International Strategy for Disaster Reduction（ISDR）, *2009 UNISDR Terminology on Disaster Risk Reduction*. 2009. Retrieved April 10, 2011, from http://www. unisdr. org/eng/terminology/UNISDR-Terminology-English. pdf. pp. 25、30.

③ International Strategy for Disaster Reduction（ISDR）, *2009 UNISDR Terminology on Disaster Risk Reduction*. 2009. Retrieved April 10, 2011, from http://www. unisdr. org/eng/terminology/UNISDR-Terminology-English. pdf. p. 17.

④ International Strategy for Disaster Reduction（ISDR）, *2009 UNISDR Terminology on Disaster Risk Reduction*. 2009. Retrieved April 10, 2011, from http://www. unisdr. org/eng/terminology/UNISDR-Terminology-English. pdf. p. 20.

⑤ The World Bank and The United Nations（WB/UN）, *Natural Hazards, Unnatural Disasters: The Economics of Effective Prevention*. 2010. Washington, DC, USA. Retrieved April 12, 2011, from http://www. gfdrr. org/gfdrr/NHUD-home.

⑥ International Strategy for Disaster Reduction（ISDR）, *2009 UNISDR Terminology on Disaster Risk Reduction*. 2009. Retrieved April 10, 2011, from http://www. unisdr. org/eng/terminology/UNISDR-Terminology-English. pdf. p. 30.

就转化成了灾难。灾难可以定义为实际发生的风险，即"特定社区或社会的功能遭到严重破坏，相关联的人口、物质、经济或环境遭受广泛损失和冲击，该社区或社会已经没有运用自身资源加以应付的足够能力"[1]。

二、发展水平决定自然灾害的影响

(一)改变脆弱性

统计数据显示，自然灾害的数量总体上呈增长态势[2]。这些灾害对于高发展水平国家和低发展水平国家的民众的影响是不一样的，对于同一个国家内不同阶层的人们影响也是不一样的，穷人往往在灾害中遭受更多困苦[3]。

灾害——作为灾难的构成部分——如飓风和火山爆发，作为一种自然现象出现于世界上一些特定地区，而非其他地区。自然灾害，根据定义，不是人类行为引发的，因此和发展水平无关。和自然灾害比较起来，脆弱性——灾难的另一个构成部分——却和发展水平密切相关。欠发达状态本身就可看做脆弱性因素[4]。

总体而言，低发展水平意味着高脆弱性，但并非所有发展中国家受到的都是同样的影响。在同一个发展中国家内部，发展对脆弱性的影响也有不同[5]。所以，当论及高发展水平，通常意味着更强的能力和更低

---

① International Strategy for Disaster Reduction (ISDR), *2009 UNISDR Terminology on Disaster Risk Reduction*. 2009. Retrieved April 10, 2011, from http://www. unisdr. org/eng/terminology/UNISDR-Terminology-English. pdf. p. 9.

② Swiss Re., *Natural catastrophes and man-made disasters in 2010: a year of devastating and costly events*. 2011. Retrieved April 10, 2011, from http://media. swissre. com/documents/sigma1_2011_en. pdf; The World Bank and The United Nations (WB/UN), *Natural Hazards, Unnatural Disasters: The Economics of Effective Prevention*. 2010. Washington, DC, USA. Retrieved April 12, 2011, from http://www. gfdrr. org/gfdrr/NHUD-home.

③ The World Bank and The United Nations (WB/UN), *Natural Hazards, Unnatural Disasters: The Economics of Effective Prevention*. 2010. Washington, DC, USA. Retrieved April 12, 2011, from http://www. gfdrr. org/gfdrr/NHUD-home.

④ International Strategy for Disaster Reduction (ISDR), *Hyogo Framework for Action 2005-2015: Building the Resilience of Nations and Communities to Disasters*. 2005. Retrieved May 15, 2008, from http://www. unisdr. org/wcdr/intergover/official-doc/L-docs/Hyogo-framework-for-action-english. pdf.

⑤ Annan, K. A., *An Increasing Vulnerability to Natural Disasters*. International Herald Tribune. 1999. Retrieved April 12, 2011, from http://www. un. org/News/ossg/sg/stories/articleFull. asp? TID=34&Type=Article.

脆弱性时，也要意识到发展也可以导致更高脆弱性①。脆弱性与人口、科学技术和社会经济条件有关，也与缺乏规划的城市化进程、高风险区域开发、环境恶化、气候异常、气候变化、地质灾害、稀缺资源争夺有关，还与艾滋病等传染病的影响相关②。

（二）物质损失和人员伤亡

保险统计显示，在发达国家中，自然灾害会造成更多物质损失，但造成的人员伤亡相对来说则很少③。原因看起来很简单，主要有：

1. 和发展中国家相比，发达国家拥有更多的高档和昂贵财产。

2. 发达国家脆弱性低，具有避免人员伤亡的应对机制。

发展中国家的情形几乎完全相反，物质损失比较少——因为财产很少，但死亡人数很多——因为脆弱性高。

不过，发达国家和发展中国家灾害损失统计数据的差异还有另外的原因，这就是：

1. 是否把人员伤亡纳入成本收益分析。

2. 是否建立保险制度。

三、发达国家的 DRR

保护生命安全对于任何政府来讲都是基本职责所在。通过 DRR 项目可以达到在灾害中保护生命安全的目标④。以瑞士为例，自然灾害引

---

① Rego, L. & Roy, A. S., *Mainstreaming Disaster Risk Reduction into Development Policy, Planning and Implementation*. 2007. Retrieved May 20, 2008, from http://www. adb. org/Documents/Events/2007/Small-Group-Workshop/Paper-Rego. pdf.

② Annan, K. A., *An Increasing Vulnerability to Natural Disasters*. International Herald Tribune. September 10, 1999. Retrieved April 12, 2011, from http://www. un. org/News/ossg/sg/stories/articleFull. asp? TID = 34& Type = Article; International Strategy for Disaster Reduction (ISDR), *Hyogo Framework for Action 2005-2015: Building the Resilience of Nations and Communities to Disasters*. 2005. Retrieved May 15, 2008, from http://www. unisdr. org/wcdr/intergover/official-doc/L-docs/Hyogo-framework-for-action-english. pdf.

③ Swiss Re., *Natural Catastrophes and Man-made Disasters in 2010: a year of devastating and costly events*. 2011. Retrieved April 10, 2011, from http://media. swissre. com/documents/sigma1_2011_en. pdf.

④ International Strategy for Disaster Reduction (ISDR), *Hyogo Framework for Action 2005-2015: Building the Resilience of Nations and Communities to Disasters*. 2005. Retrieved May 15, 2008, from http://www. unisdr. org/wcdr/intergover/official-doc/L-docs/Hyogo-framework-for-action-english. pdf.

发的风险通过基于国家自然灾害应对平台的一种整合方法加以管理①。这种方法是综合性的，包括自然科学、技术科学和危机管理。这种方法考虑了可持续性原则，并且试图照顾到所有利益相关者②。

风险管理概念包含：

1. 灾害和经济、社会、自然环境脆弱性的分析。

2. 评估一个特定社会或社区能够和愿意承担（包含经济方面）多少风险。

3. 关于减灾防灾、灾害应急响应和灾后恢复重建措施的规划。

风险管理的一个重要方面在于：风险可以通过保险加以处理。然而，在发展中国家，这种方法往往行不通。下文将谈到这个问题。

通常，当事人可以选择为部分风险购买一份保险。如在瑞士，购买房屋自然灾害损毁保险甚至是一种强制性措施（并不总是包括地震灾害房屋保险，因为这种灾害保险太贵）③。也就是说，经济方面的内容必须纳入评估。这就引出了成本收益分析。

四、分析 DRR 的成本和收益

任何一个政府的决策，包括在特定领域采取行动或在不同措施中取舍（不限于 DRR），都应该以成本收益分析为基础。这是因为，人们希望政府合理、有效地使用税收或其他专项收入。成本收益分析是一种技术：将特定行动过程中的所有成本（包括有形成本和无形成本）与预期取得的收益进行比较。无论是否像瑞士那样引进全面风险管理措施，DRR 必须是经济上可行的，即经济上可承受和可持续④。

---

① National Platform for Natural Hazards (Planat), *Strategie Naturgefahren Schweiz* [*Strategy Natural Hazards in Switzerland*]. 2005. Retrieved April 10, 2011, from http:// www. planat. ch/index. php? userhash=54445209&navID=1030&l=e.

② National Platform for Natural Hazards (Planat), *Strategie Naturgefahren Schweiz* [*Strategy Natural Hazards in Switzerland*]. 2005. Retrieved April 10, 2011, from http:// www. planat. ch/index. php? userhash=54445209&navID=1030&l=e.

③ National Platform for Natural Hazards (Planat), *Strategie Naturgefahren Schweiz* [*Strategy Natural Hazards in Switzerland*]. 2005. Retrieved April 10, 2011, from http:// www. planat. ch/index. php? userhash=54445209&navID=1030&l=e.

④ International Strategy for Disaster Reduction (ISDR), *Hyogo Framework for Action 2005-2015: Building the Resilience of Nations and Communities to Disasters*. 2005. Retrieved May 15, 2008, from http://www. unisdr. org/wcdr/intergover/official-doc/L-docs/Hyogo-framework-for-action-english. pdf.

风险评估很困难，确定 DRR 的收益也一样。甚至获得开展成本收益分析的必要经费也很困难，这是因为 DRR 的预期收益在短时期内无法显现出来，且只有在灾害发生后才出现。在经济不景气的年代，那些不能够明确证实其收益的项目无疑会遭到冷落，被排除在财政预算优先考虑的范围之外①。假设相关研究是可能的，并且显示出正面的成本收益分析结果，DRR 可能仍然得不到经费支持，因为财政预算有其他优先考虑和已经确定的用途。

五、发展中国家的 DRR

总体而言，发展中国家的脆弱性高于发达国家；在同一个国家内，穷人的脆弱性高于富人。如前文所述，在发展中国家，灾害常常导致大量人员伤亡。与此同时，一些发展中国家只有最基本的 DRR 项目，而且即便有这些项目，也可能陷于资金匮乏的窘境②。由于筹资困难，在预算通常比较紧张的发展中国家，对 DRR 项目进行成本收益分析显得更加困难。即使获得了经费，成本收益分析仍然不容乐观，因为还面临着以下两个方面的重要问题：

1. 得以预防和避免的人员伤亡通常不纳入成本收益分析。虽然通过"统计生命价值"（Value of a Statistical Life，缩写为"VSL"）方法可以评估这类损失，但这种方法由于其伦理问题及技术困难而存有争议③。

2. 常常缺乏可购买的保险，或者人们买不起保险④，而通常只有

① Auf der Heide, E., *Disaster Response：Principles of Preparation and Coordinatin*. 1989. Chapter 2：The Apathy Factor. Retrieved April 12, 2011, from http://orgmail2. coedmha. org/dr/DisasterResponse. nsf/section/02? opendocument.

② International Strategy for Disaster Reduction (ISDR), *Hyogo Framework for Action 2005-2015：Building the Resilience of Nations and Communities to Disasters*. 2005. Retrieved May 15, 2008, from http://www. unisdr. org/wcdr/intergover/official-doc/L-docs/Hyogo-framework-for-action-english. pdf.

③ Provention Consortium. (n. d.). *Disaster risk reduction and cost-benefit analysis*. Retrieved April 9, 2011, from http://www. proventionconsortium. org/? pageid=26；The World Bank and The United Nations (WB/UN), *Natural Hazards, Unnatural Disasters：The Economics of Effective Prevention*. 2010. Washington, DC, USA. Retrieved April 12, 2011, from http://www. gfdrr. org/gfdrr/NHUD-home. P. 117.

④ International Strategy for Disaster Reduction (ISDR), *Hyogo Framework for Action 2005-2015：Building the Resilience of Nation and Communities to Disasters*. 2005. Retrieved May 15, 2008, from http://www. unisdr. org/wcdr/intergover/official-doc/L-docs/Hyogo-framework-for-action-english. pdf.

纳入保险范围的损失才会被统计和报告出来①。

六、作为发展议题的 DRR

尽管保护生命免受灾害威胁是每个国家的基本职责，是发展的应有之义，但是，在很多场合，DRR 项目因其收益难以证实而被忽视。2000 年，联合国千年首脑会议制定了作为发展总体框架的千年发展目标(MDG)，DRR 并没有作为其中一个独立目标。但 DRR 毫无疑问是一个重要问题，因为灾害常常迫使政府别无选择地花很大代价去处理灾害的破坏性后果，因而无法为长期发展规划提供预期资金。如果联合国及其成员国想要实现千年发展目标，他们就必须将 DRR 纳入其中。发展工作者和灾害防治者具有共同利益，实现他们共同目标的一条道路就是，在发展实践中将 DRR 主流化，特别是将 DRR 纳入千年发展目标。

(一)将得以预防和避免的人员伤亡纳入成本收益分析

前文已经谈到，人员伤亡常常不包含在灾害损失统计中，并且很难确定统计生命价值。因此，成本收益分析对于 DRR 的积极作用可能很小。为了改进这一点，人员伤亡应该统计在损失之中，这样信息会更加全面；忽视这一点，虽然足以反映私人部门的损失，但却不能反映整个社会的经济损失②。

如果能够做到以上这一点，对于经济总体损失状况的评估就会截然不同。这一点对于那些受到影响的国家去争取优先权很重要，在决定双边和多边援助框架下的发展项目时也必须考虑这一点。统计生命价值越高，受灾害影响的人越多，就越有必要重新审视灾害的重要性。这将导致成本效益分析结果出现变化——支持采取 DRR 措施。

(二)保险的作用

由于未保险的损失很容易被忽略，如果保险机构能够发挥更大的作

---

① Lynch, D. L., *What do forest fires really cost?* Journal of Forestry, September. 2004, 102(6). pp. 42-49.

② Suche nach der, richtigen, *Bewertung von Naturkatastrophen* [*Looking for the correct evaluation of natural disasters*]. 2006. *Neue Zürcher Zeitung*. Retrieved April 10, 2011, from http://www. nzz. ch/2006/02/25/th/articleDL0JB. html; The World Bank and The United Nations (WB/UN), *Natural Hazards, Unnatural Disasters: The Economics of Effective Prevention*. 2010. Washington, DC, USA. Retrieved April 12, 2011, from http://www. gfdrr. org/gfdrr/NHUD-home. p. 116.

用，促进 DRR 的成本收益分析就能够取得成功。保险有助于更全面地统计报告人员伤亡。然而，在发展中国家，保险市场很小①。灾害保险和风险保险等险种仅在很有限的场合发挥作用。社区缺乏将风险转移给保险机构的选择机会，不管愿不愿意（依据上述风险管理过程），社区必须自己承担所有风险。此外，前文已经指出，即使发展中国家有那些保险，大部分民众还是因为太穷而无力购买保险。

保险业能够覆盖自身成本，且无需冒太多风险就能增加业务量。他们掌握着与社区合作的主动权。社区采取 DRR 措施以后若可以从保险公司得到补贴，这样既有助于减少社区遭受灾害损失的风险，又有助于减少保险公司的资金风险②。

这就是"兵库行动框架（2005—2015）"所倡导的精神，亦即以恰当的方式，发展伙伴关系，包括发展公私伙伴关系，推行分散风险、减少保费、扩大保险覆盖面并进而增加灾后恢复重建财力的 DRR 方案；以恰当的方式，促进发展中国家形成一种环境——一种有助于弘扬保险文化与氛围的环境③。

七、结论

由于自然灾害越来越频繁，造成的伤亡多，损失大，DRR 变得（或将变得）越来越重要。那些脆弱程度高和发展进程易受灾害阻碍的发展中国家尤其如此。然而，要获得采取 DRR 措施所需经费常常并非易事。从长远来看，在发展援助中将 DRR 主流化是最好的方法。

---

① International Strategy for Disaster Reduction (ISDR), *Hyogo Framework for Action 2005-2015 : Building the Resilience of Nations and Communities to Disasters*. 2005. Retrieved May 15, 2008, from http://www.unisdr.org/wodr/intergover/official-doc/L-docs/Hyogo-framework-for-action-english.pdf;The World Bank and The United Nations (WB/UN), *Natural Hazards, Unnatural Disasters : The Economics of Effective Prevention*. 2010. Washington, DC, USA Retrieved April 12, 2011, from http://www.gfdrr.org/gfdrr/NHUD-home.

② Schweizerische Mobiliar Versicherungsgesellschaft, *Prävention von Naturgefahren* [*Prevention of Natural Hazards*]. 2007. Retrieved May 28, 2008, from http://www.mobi.ch/mobiliar/live/diemobiliar/engagement/m-409000/m-409001.html.

③ International Strategy for Disaster Reduction (ISDR), *Hyogo Framework for Action 2005-2015 : Building the Resilience of Nations and Communitie to Disasters*. 2007. Retrieved May 15, 2008, from http://www.unisdr.org/wodr/intergover/official-doc/L-docs/Hyogo-framework-for-action-english.pdf. p. 19.

　　由于发展中国家所存在的特殊情况，通常的成本收益分析常常无助于 DRR 措施的推行。更具平衡性的成本收益分析应该采取有效措施，以便吸引预算制定者和捐赠者的注意。成本收益分析可以通过这种办法得到改进——将那些得以预防和避免的人员伤亡的价值考虑在内。总体而言，保险在这个过程中扮演着重要角色——提供损失报告和支持DRR 措施。

（周燕平译）

英国国际发展部在灾后重建方面的
工作和经验

英国国际发展部

【摘　要】 汶川地震发生后，英国国际发展部开始把扶贫和减灾工作相结合作为和中国合作的一个重点领域，设立了灾后恢复技术援助项目。援助项目强调通过加强广泛参与来进一步满足贫困人口和弱势群体的需求。本次合作不仅让中方更加了解国际范例及其理念，也让英国国际发展部更加地认识到减灾对于减贫的重要作用以及将中国经验分享给更多国家的意义。

【关键词】 灾后重建　扶贫　减灾　技术援助

英国国际发展部是英国政府对外援助的一个部门，其在全球的使命是减少贫困。在过去十多年和中国政府的双边合作中，主要支持了教育、卫生、水和环境领域的以减贫和实现千年发展目标为主要目的的一系列双边项目。

汶川地震发生之后，英国国际发展部捐赠了价值 220 万英镑的有关物资，并迅速对正在执行的项目在可能的范围内作了调整，以支持灾区的救援和重建工作。实际上，汶川地震的发生促使英国国际发展部同中方的合作产生了一个新的变化，即将扶贫与减灾工作结合起来。此外，还专门设立了一个 100 万英镑的汶川地震灾后恢复技术援助项目，为中央政府和四川、陕西、甘肃等省提供支持。

这个灾后恢复技术援助项目强调通过加强广泛参与来进一步满足贫困人口和弱势群体的需求。该项目共支持了七个子项目，覆盖主题包括国家和省级层面的应急规划、广元的低碳重建、从县到村的环境规划、灾害的健康响应、地方上的心理健康支持服务、脊髓损伤的恢复和农村供水重建规划。所有项目都是由中方机构和国外、国际机构合作实施，这种组合使得中方有机会了解国际范例，在中国农村测试和应用这些理念，并将成果和建议反馈给国家和地方层面上的政策制定者，以便实现长期的影响。

前面提到的环境规划项目就是由英国国际发展部和中国国务院扶贫办和环保部、联合国开发计划署合作，其产出包括了供地方政府和社区使用的灾后重建环境风险规避指导手册。

汶川地震灾后恢复技术援助项目的特点之一，就是它被有意设计成一个范围广泛的项目，以便可以随着灾后形势的发展灵活开展那些被认为是最重要的活动。此外，这种中外机构的伙伴关系组合，有助于在知识转让和国际专家有效投入这两方面发展长期合作关系。国际上对很多国家的灾害救援都集中在紧急救援活动上，而英国国际发展部支持的这个灾后恢复技术援助项目，展示了开展小型的与紧急救援同步进行的范围更广和时间更长的活动的重要性。

通过与中方和有关国外国际机构合作支持灾后恢复重建，英国国际发展部也更加认识到减灾对于减贫的重要性，以及将中国的经验分享给更多遭受灾害袭击的国家特别是发展中国家的意义。尽管英国国际发展部最近已正式结束了对中国的双边援助活动，但在未来的一段时期内还将继续和中方合作，开展面向全球和面向发展中国家的活动，其中发展中国家间的南南交流与合作将是一项重要的内容。在条件具备的情况下，英国国际发展部将和中方机构、相关国家一起推动洪水多发区的社区减灾工作交流，促进知识和技术的转移，经验共享，以及共同合作研究如何更好地将减灾工作纳入到地方和国家的减贫和可持续发展战略中。英国国际发展部将携手中方从一个面向全球的视野来创造多赢的合作机会。

灾害风险管理与减贫：国际经验

Sanny R. Jegillos*

【摘　要】　贫困与脆弱性紧密相连且相互强化。区分集中型风险和弥散型风险有助于深化对灾害与贫困关联性的认识。社会保护需与灾害风险管理相结合。在减贫与发展实践中应推进灾害风险消减措施的主流化、常规化。

【关键词】　灾害风险管理　贫困　社会保护　发展

贫困与面对自然灾害时的脆弱性紧密相连且相互强化。灾难是困苦与不幸的根源，既是引发暂时性返贫的潜在力量，也是导致长期性贫困的重要因素。灾难可能引起人员伤亡、房屋损坏、财产损失，可能破坏生计渠道、教育活动和社会服务供给，可能吞噬储蓄存款和引发健康问题，有时还伴随着长期性不良后果。灾难有可能中断正在开展的减贫行动，并迫使相关财政资源转向灾后救济、恢复和重建工作。此外，贫困还会因为有损生计的风险规避策略而进一步加深，而贫困家庭可能选择这种策略。

贫困人口和社会弱势群体在灾害面前最脆弱，这反映了他们所处的社会、文化、经济和政治环境，例如劣质住房及其危险位置、低水平的基本服务、财产权模糊不清、资源可持续管理和系统性减灾投入的动力不足、更加脆弱的生计渠道、制约多样化生计和灾后恢复能力的有限财政资源，农村贫困人口和城镇临时居民的情况尤其如此。此外，有限的生计渠道常常迫使贫困人口过度地开发和利用当地资源环境，这进一步加剧了贫困人口所面临的风险。

本文围绕灾害风险管理与减贫，从三个方面介绍一下相关国家的

　＊　Sanny R. Jegillos，联合国开发计划署（UNDP）亚太区域中心区域项目协调员。

经验。

一、加深对灾害与贫困的关联性的理解

(一)集中型风险

1. 集中于地震活跃地带、沿海地区、洪涝区和飓风途经区。

2. 随着时间而变化，与脆弱人群、经济实力、生命通道设施暴露性等方面的变化有关。

3. 大规模灾难，得到恢复重建方面的正式支持，采取了系统性减灾措施。

(1)在萨尔瓦多，2001年的两次地震导致贫困发生率上升了约2.6%~3.6%。

(2)在洪都拉斯，1998年10月发生的"米奇"飓风使贫困家庭的比例从1998年10月的63.1%上升到1999年3月的65.9%。生活处于极端贫困状态的农村家庭数量上升了5.5个百分点。

(3)在越南，一旦灾害发生，预计有超过4%~5%的人口会陷入贫困状态。

(4)据估计，在印度尼西亚亚齐省，2004年的海啸致使贫困线以下人口比例从30%上升到50%。

(二)弥散型风险

1. 在亚洲，因极端气候事件增多和加剧，灾害风险上升。

2. 灾害更加频繁、活跃、普遍，对生计和贫困产生更大影响。

3. 官方报告未予披露，这些未予正视的风险掩盖了低收入家庭和社区日益增加的风险负担。

4. 官方响应系统缺位，应对灾害后果的负担因规范化应急恢复支持体系和制度性灾害风险管理项目不足乃至缺失而加重。

UNDP亚太区域中心协助建立了灾害损失数据库(30年)，并为GAR2009年和2011年报告作出了贡献。该报告指出，弥散型风险导致的损失是显著的，包括：

(1)10%以上的人员死亡，83%以上的人员受伤，80%以上的人员受灾，20%的经济损失，50%以上的房屋损毁，45%以上的学校受损，55%以上的卫生设施损毁；

(2)对20个国家的研究显示，1989年—2009年间93%的灾害是水文气象灾害；

(3)国家内部省级区域的比较研究表明，中小城市的灾害风险增加最快，因为这些城市规划与管理城市规模扩张的能力比较弱，而森林砍伐和沿海生态系统的破坏正在进一步加大灾害风险。各地的滑坡和洪涝风险与贫困紧密相关(边远地区贫困人口享有的资源有限)。例如，在印度尼西亚和斯里兰卡，低人类发展水平地区和深度贫困地区，源自山体滑坡的死亡风险比较高。

(三)改进建议

1. 建立灾害损失数据库(包括历史数据)并保障其质量。

2. 改进贫困数据库。

3. 灾害风险消减(Disaster Risk Reduction，简称DRR)措施必须包含对贫困人口的关注和照顾，反之亦然。

4. 通过集中/扩展分析促进政策制定者关注弥散型风险，这类风险提供了"真实时间"中的风险累积信息，这种累积最终导致集中型风险和灾难性事件。

(四)UNDP亚太区域中心和国家办公室支持的最佳实践范例

印度尼西亚灾害数据与信息管理(DIBI)是在1815年至2009年的官方数据基础上建立起来的。DIBI已经被用作DRR领域国家政策、规划和财政预算的基础，影响着发展规划的决策。例如，国家赈灾机构已经把DIBI用于识别整个印度尼西亚的灾害多发地区，以便确定建设地方性减灾系统的优先序。在印度尼西亚计划部，消除贫困委员会利用DIBI确定资助项目的优先序。现在正在对DIBI进行升级，主要是加入新的信息，包括受教育年限、子女数量、健康状况、基础设施、公共设施、收入水平、生计类型和空间规划数据。

二、社会保护和灾害风险管理的整合

整合涉及社会保护和DRR措施两个视角，中国需要重视整合过程中面临的挑战和机遇。

(一)社会保护视角

在亚洲地区，社会保护在风险或危机处理方面的作用很少见。当前实施的社会保护并未减少风险，但是不难发现其中潜藏的机遇：若按照其减贫和开发人力资本的初始目标拓展下去，社会保护工具可用于提高个人和家庭承受灾害/气候风险的能力。许多这类社会保护项目已经开始大面积推行，但这些项目并没有瞄准灾害多发社区，也没有指向具体危机事件。因此，通过调整瞄准方法和时间安排，这些社会保护项目能够覆盖到大量的灾害多发社区和相关家庭，起到更好的效果。

(二)DRR 和灾后恢复视角

目前，灾害风险管理活动规模有限，属于单独开展的活动，与社会保护相结合的项目很少。这些活动的范围特别狭窄，仅限于加强早期预警系统和灾害响应能力的建设。这种局面和气候变化适应项目是一样的。灾后恢复重建实质上只是临时性活动，且聚焦于受到自然灾害影响的地区。尽管国际救济措施往往直接针对穷人和弱势群体，但大多数用于减少风险和灾后恢复重建的公共投资并没有瞄准为弱势人群提供帮助。市政工程、水务、农业、民政等相关机构对贫困问题并不敏感，不会自动瞄准贫困人口。

(三)有必要讨论的问题

1. 社会保护

保护贫困人口免受风险打击是其基本目的吗？确保贫困地区最低生活水平有没有被当作主要目标？

2. 灾害风险管理和灾后恢复重建

在实施灾害风险管理和灾后恢复重建项目时，是否特意考虑到弱势群体？

许多国家可能还没有形成完整的社会保护战略与政策，但其卫生、教育、妇幼、农业等各个部门都有独立的发展规划和战略。在这种情况下，有必要重新审视国家有关政策的优先序、贫困状况、法律框架、与社会保护有关的已有项目和干预措施，找出其差距，评估资源的可得性，进而确定社会保护的方向。

(四)行动建议

可以通过以下途径推进社会保护和灾害风险管理的整合：

1. 瞄准

通过瞄准方法的调整整合来实现，即：聚焦于特定群体——那些生活在自然灾害风险比较突出的贫困地区的人群；聚焦于特定时间，如季节——在极端干燥的季节盯紧干旱或在连续暴雨季节盯紧洪水。保障基本食物需求和/或最低水平现金收入的安全网能够帮助长期性贫困人口从生存型生计策略(如剩余产品的亏本出售)转向发展型生计策略，包括购置资产和增加储蓄。这些安全网应该提前建立，应能够精确瞄准贫困人口并支持灾后快速恢复，可能的话，还应该能够增强人们对于未来灾害的承受能力。

2. 主流化

由于贫困是一个需要采取多维度、多层次和多部门应对策略的复杂问题，DRR 应该主流化，而不应该呈现为目前这种孤立状况。推进 DRR 与社会保护相结合的关键行动包括：就自然灾害应对项目的脆弱性和预期受益者的评估；就如何应对风险采取合理的、有根据的决策和行动，提前规划灾后支持(救济、恢复)行动，以便推进及时援助、快速恢复以及增强对未来事件的承受能力。

三、在服务于贫困人口的发展活动中推进 DRR 主流化

根据 UNDP 亚太区域中心支持开展的亚洲案例研究，我们建议采取有益于贫困人口的、将灾害应对与发展相结合的干预措施。

1. 加强国家和州级社会保护项目，为那些正处于灾害恢复期的贫困人口提供基本生活保障，防止他们陷入贫困或加剧贫困。

2. 促进经济和生计渠道的多样化，尤其是要在初级部门以及那些特别脆弱的经济部门外开辟生计渠道。

3. 减贫和 DRR 项目不仅要瞄准贫困人口，而且要瞄准那些遭受打击后可能陷入贫困的人口。

4. 加强公共机构、市场和信贷部门之间的衔接，保障贫困人口可持续生计的切实发展。

5. 促进地方发展，加强 DRR 措施，提升基于社区的灾害管理能力，增强对气候变化导致的各种风险的承受能力。

6. 确定把扶贫和减灾措施相结合的成本和收益，以及独立采取扶贫或减灾措施的成本和收益，为相关决策提供经济依据。

7. 促进和支持相关研究，包括灾害和危机的影响、灾害和危机的影响与人类发展的关联，以及减贫、住房、基础设施等领域的发展干预。

8. 推动国家和州级层面的共同发展，促进国家和州级 DRR 政策的结合，强化减灾行动具体执行层面的团结合作。这不仅意味着要对现有项目进行改革，而且需要推进权力下放(如果弥散型风险的消减是中心目标)。

9. 建设和加强国家机构的监测能力，包括监测灾害的发生和影响、脆弱性变化的时间和空间趋势、地方层面的风险和贫困特征等。

10. 监测和报告那些与发展形势和脆弱性的变化相关的风险的类型。

11. 将灾害风险分析、减灾计划纳入发展项目和基础设施项目的设计和资金安排中。

12. 加固、升级城市、农村的现有住房，提高新建房屋和生命安全通道设施的质量。

13. 全面回应那些与亚洲地区的灾害风险相关联的重大公共健康问题。

14. 在州及更低层次，构建加强有关灾害脆弱性、风险、减贫的监测机制和能力。

15. 在城市中，加强对集中型和弥散型风险的重视和认识，提高应对这两种风险的能力。

（周燕平译）

后重建时期试点贫困村可持续生计的
基础和前景

——基于试点贫困村两周年综合评估的分析

蔡志海*

【摘　要】 以 2010 年 7 月"汶川地震灾后重建暨灾害风险管理计划"项目综合评估的调查数据为基础，对后重建时期试点贫困村可持续生计的基础进行分析，结合当前的政策措施探讨试点贫困村可持续生计的前景。

【关键词】 后重建时期　试点贫困村　可持续生计

汶川地震已经过去近三年，按照国家"三年重建任务两年基本完成"的部署，到 2010 年 9 月底，两年灾后重建已经结束。通过两年来的重建，受灾地区的基础设施、产业开发、民主管理与自我发展能力基本恢复到灾前水平。不过，两年重建尚不能解决灾区长期的可持续生计(sustainable livelihood)①问题，在后重建时期应着重围绕灾区的生计发展来谋划，实现灾后重建与扶贫开发的结合。由国务院扶贫办主导的灾区贫困村重建分三批共选择了 100 个村作为试点，以探索灾后重建的基本经验。本文采用 2010 年 7 月联合国开发计划署(UNDP)"汶川地震灾

　＊ 蔡志海，华中师范大学减贫与乡村治理研究中心副教授。

　① 可持续生计是 20 世纪 80 年代以来由国外学者提出并发展起来的概念。钱伯斯(R. Chambers)和康威(G. Conway)认为："如果人们能应对胁迫和冲击，并从中恢复、维持和增加资产，保持和提高能力，并且为下一代的生存提供机会，在长期和短期内以及在当地和全球范围内为他人的生计带来净收益，同时又不损坏自然基础，那么，该生计具有持续性。"在这一概念提出后，不少学者和国际组织开发了可持续生计的分析框架，尤以英国国际发展部(DFID)提出的可持续生计分析框架最为著名。

后重建暨灾害风险管理计划"项目综合评估的调查数据①，对后重建时期试点贫困村可持续生计的基础进行分析，并结合当前的制度和政策路径探讨试点贫困村可持续生计的前景。

一、以村庄重建内容为基础的分析

(一)试点贫困村中与生计间接相关的指标

尽管农户的生计系统受多种因素的影响，但是有些因素并非是直接作用于农户的生计策略和生计结果，而是间接地发挥作用的。这些因素主要包括村庄的道路、饮水、可再生能源、入户供电等基础设施和教育、卫生、娱乐、消费等公共服务设施以及村落环境改善状况。根据评估数据，从村民的主观评价角度我们可以了解到这些因素目前的重建情况，把握试点贫困村可持续生计恢复重建的间接基础。

表1中的数据均来源于2010年7月灾后重建试点贫困村入户问卷调查的评估，从表1中我们可以发现：

基础设施中四个与生计间接相关的指标总体满意度均超过了70%，满意度得分②最高的是入户供电设施的恢复重建，其次是道路的修建、饮水设施的重建和可再生能源的重建。在这四个指标中，显然村落道路的修建对于村民开展相关生计活动具有更为重要的意义。

在公共服务方面，通过灾后重建，大多数村庄的学校都焕然一新，成为农村中最坚固、最漂亮的建筑，多数村民对学校重建的满意度高，不过，基础教育对农户生计发展的影响显然不是短期内就能体现出来的。相对而言，村民对村庄的卫生室、活动室重建的满意度则稍低，但不可否认的是村民健康状况对其家庭经济生活有着较大的影响。

村落环境主要体现为"五改三建"，即改水、改路、改厨、改厕、改圈，建园、建池、建家③。数据表明，超过70%的村民对此项重建项目

---

① 该调查于2010年7月19日—26日在四川、甘肃、陕西三省展开，选择了国务院扶贫办确定的第一批19个试点贫困村中的8个作为样本村，开展灾后重建综合评估。共入户问卷调查1 200户，经审核甄别回收有效问卷1 143份，有效率95.3%。同时还通过实地访谈，收集了大量定性资料。笔者作为项目负责人之一全程参与了调查。

② 满意度得分的计算是通过给予"非常满意—很不满意"分别赋值"5～1"分，再经过加权平均得出的。

③ "五改三建"中的项目部分是基础设施重建方面的内容，而部分则与家庭的生产、生活有直接关系。比如建园，实际就是要搞庭院经济，其本身就是一种生计活动。

表示满意。

表 1　试点贫困村中与生计间接相关指标的重建满意度(%)

	基础设施				公共服务				村落环境
	道路	饮水	可再生能源	入户供电	小学	卫生室	活动室	便民店	五改三建
非常满意	26.0	16.6	18.4	26.3	26.5	9.6	10.9	13.7	17.4
比较满意	48.3	54.7	51.7	65.0	57.6	54.0	53.3	59.9	52.8
一般	8.9	11.2	20.9	5.9	13.0	29.3	28.4	22.0	18.7
不太满意	11.4	14.1	7.0	2.3	2.5	6.2	6.5	1.3	8.8
很不满意	5.3	3.4	1.9	0.6	0.4	0.8	0.9	3.1	2.3
满意度得分	3.78	3.67	3.77	4.14	4.07	3.65	3.67	3.80	3.74

　　总体来说，从这三个方面、九个与生计间接相关的指标来看，两年的重建实现了试点贫困村路、水、电的恢复重建，改善了村落的居住环境，试点村基础教育、基本医疗事业得到了发展，对可再生能源的利用缓解了人与生态环境的紧张关系。基本生产生活条件的改善，为农户开展生产经营活动提供了便利，为贫困村可持续生计发展打下了基础。

(二)试点贫困村中与生计直接相关的指标

　　灾后重建与扶贫开发相结合，是党中央、国务院对汶川地震灾后重建提出的明确要求，试点贫困村灾后重建的部分重建内容直接涉及村庄的生计发展和农户的生计能力、生计活动。主要包括基础设施方面的灌溉设施和基本农田恢复、生产发展方面的村级互助资金的建立和为农户提供生产启动资金、能力建设方面的农业实用技术培训和劳务转移培训。根据评估数据，可以了解村民对这些直接与生计相关指标的恢复重建效果，从而判断试点贫困村可持续生计恢复重建的直接基础。

　　表 2 中的数据均来源于 2010 年 7 月灾后重建试点贫困村入户问卷调查的评估，从表 2 中我们可以发现：

　　基础设施中灌溉设施和基本农田恢复重建的总体满意度均超过了60%，但与基础设施恢复重建的其他四个指标相比，农户对这两个与生产经营直接相关的指标的满意度均要低 10% 以上。调查中发现，有些村原先规划的灌溉设施修建工程至调查时仍未动工或者仍未完成，一定程度上拉低了农户的满意度。当然，灌溉设施的恢复重建与调查地的气候、地理条件等有关，并非每个试点村都开展了灌溉设施的恢复重建工作。

表2　试点贫困村中与生计直接相关指标的重建满意度(%)

	基础设施		生产发展		能力建设	
	灌溉设施	基本农田	村级互助资金	生产启动资金	农业实用技术培训	劳务转移培训
非常满意	18.1	12.6	8.2	7.4	7.4	5.5
比较满意	43.6	50.4	37.7	28.1	36.6	30.4
一般	19.3	20.4	35.6	39.4	34.3	39.5
不太满意	13.1	10.4	14.7	18.5	15.0	15.3
很不满意	5.9	6.1	3.8	6.6	6.8	9.4
满意度得分	3.55	3.53	3.32	3.11	3.23	3.07

　　生产发展的目标就是要为农户生计恢复发展提供必要的资助，但是调查数据表明，农户对村级互助资金的建立以及生产启动资金的提供两项重建内容的实施并不十分满意，总体满意度只有45.9%和35.5%，满意度得分表明村民对其评价略高于"一般"。尽管开展评估时各个村均已启动村级互助资金，但是其运转仍然非常不顺畅。不少农户没有参与互助资金或没有借款，主要原因是没有钱入股或没有好的发展项目或贷款额度太低，同时，村级互助资金的借款规则、村里的宣传等都对农户入股参互的积极性有影响。而一些扶贫系统的政府官员则认为互助资金太难运作了，资金量少、操作困难，农户参与积极性不高。生产启动资金则由于覆盖面较小、资源分配不公平等问题也影响了村民对其的评价。

　　能力建设着眼于提高村民的生计能力。从实际情况来看，尽管试点贫困村开展了农业实用技术培训和劳务转移培训活动，但是村民的满意度均不算高，不满意的比例都超过20%。从实地调查情况来看，农户对相关生计能力建设的低满意度根源于几种原因：一是技术培训没有到户，二是培训不具体、流于形式，三是培训资源分配不公。

　　总的来看，试点贫困村恢复重建的内容中与生计直接相关的三个方面、六个指标，农户的满意度均不高，尽管是由多种因素造成了这种状况，但是一定程度上也反映出灾后重建与扶贫开发相结合的力度仍然不够，试点贫困村生计可持续恢复重建的直接基础仍需夯实。

133

二、以农户生计现状为基础的分析

(一)农户生计来源与支出状况

评估中，考察了农户 2009 年全年的现金收入状况和主要支出状况，1 143 份样本的描述统计数据如表 3 所示。可以看出，农户 2009 年平均总收入为 14 972.3 元，人均 3 630.3 元，平均总支出为 15 157.9 元，人均 3 675.3 元，2009 年家庭收支相抵为 -185.6 元。

表 3　2009 年农户收入和支出状况①　　　　　　　（单位：元）

收入	最小值	最大值	平均值	标准差	支出	最小值	最大值	平均值	标准差
种植业	0	60 000.0	1 676.3	3 101.4	种植业	0	40 000.0	793.7	1 510.6
养殖业	0	110 000.0	817.1	4 009.5	养殖业	0	300 000.0	1 057.4	11 342.6
商业活动	0	100 000.0	1 751.7	7 513.6	商业活动	0	170 000.0	1 088.1	7 094.5
打工	0	80 000.0	8 320.9	9 576.9	子女上学	0	50 000.0	2 186.2	4 486.2
礼金	0	30 000.0	745.4	2 885.2	医疗	0	112 000.0	2 920.1	7 415.7
政府补贴	0	48 000.0	680.5	2 749.1	吃,穿,用	0	150 000.0	5 463.8	6 472.8
其他	0	80 000.0	634.7	3 892.2	送礼	0	112 500.0	1 671.2	5 633.1
总收入	0	202 000.0	14 972.3	15 116.0	总支出	0	302 300.0	15 157.9	19 028.4

从收入角度看，打工收入占据了平均家庭总收入的 56.9%，农户在地震之后的主要生计策略是务工，这与地震之前大致相近。除此之外是种植业、养殖业、礼金和政府补贴收入等。平均每户总收入的构成如图 1 所示。进一步计算可以发现，2009 年重建户的户均总收入高于维修户，前者为 15 403.6 元，而后者则为 13 399.6 元，两者相差 2 004.0 元。

---

　① 这里是以 1 143 份样本来进行统计的。在收入这块，实际上 2009 年并非每户在每一个方面都有相关收入，比如有些家庭都没有人在外打工就没有打工收入，有些家庭没有从事商业活动也就没有商业活动收入。因此，如果单独计算某一个方面的平均收入应该比该表格中的显示的单项平均收入高。其中特别是打工、商业活动、礼金等项，2009 年中，农户可能出现没有人打工、没有开展商业活动或没有红白喜事请客的情况。以打工为例，样本中有打工收入的为 743 户，户均打工收入为 12 800.5 元。

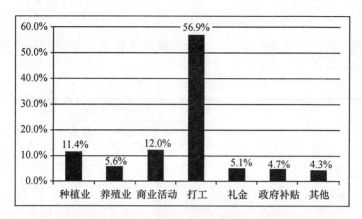

图1　2009年农户平均总收入构成

　　从支出角度来看①，农户主要开支是日常生活的吃、穿、用等，占家庭2009年平均总支出的36.0%，之后分别是医疗、子女上学、送礼、商业活动、养殖业和种植业等(见图2)。由此可以发现，在满足了家庭人口的日常生活、看病、子女上学和人情往来等必需开支之后，农户能够用于生产经营的资金是非常有限的。进一步计算，2009年重建户的户均总支出为15 229.9元，而维修户为14 895.1元，两者相差334.8元，除开建房支出外，两者相差不大。

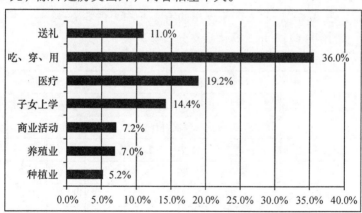

图2　2009年农户平均总支出构成

　　从收支平衡角度来看，在1 143户中，2009年，入不敷出的有538

————————

　　①　评估中，在考察支出时着眼于考察农户的常规性支出，而建房支出并非常规性支出，因此在2009年支出中未考虑建房开支。

户，占样本的 47.1%，平均每户支出高于收入 11 808.1 元；收支相当的有 12 户，占样本的 1.0%；收入高于支出的有 593 户，占样本的 51.9%，平均每户收入高于支出 10 355.1 元。具体分布参见表 4。

表 4　2009 年农户收支平衡状况

	支出＞收入（N＝538）		收入＞支出（N＝593）	
	频次	百分比	频次	百分比
50 001 元及以上	19	3.5	7	1.2
20 001 元～50 000 元	54	10.0	69	11.6
10 001 元～20 000 元	103	19.1	138	23.3
5 001 元～10 000 元	120	22.3	146	24.6
1 001 元～5 000 元	191	35.5	174	29.3
1 000 元及以下	54	10.0	59	10.0

进一步考察重建户和维修户的区别，在 897 户重建户中，入不敷出的有 438 户，占 48.8%，平均每户支出高于收入 1 1127.6 元；收支相当的有 11 户，占 1.2%，收入高于支出的有 448 户，占 49.9%，平均每户收入高于支出 11 226.9 元。而在 246 户维修户中，入不敷出的有 100 户，占 40.7%，平均每户支出高于收入 14 788.6 元；收支相当的有 1 户，占 0.4%，收入高于支出的有 145 户，占 58.9%，平均每户收入高于支出 7 661.8 元。具体收支分布参见表 5。

表 5　重建户、维修户 2009 年的收支状况分布

	重建户				维修户			
	支出＞收入		收入＞支出		支出＞收入		收入＞支出	
	频次	百分比	频次	百分比	频次	百分比	频次	百分比
50 001 元及以上	13	3.0	7	1.6	6	6.0	0	0.0
20 001 元～50 000 元	44	10.0	59	13.2	7	7.0	10	6.9
10 001 元～20 000 元	89	20.3	112	25.0	14	14.0	26	17.9
5 001 元～10 000 元	100	22.8	108	24.1	20	20.0	38	26.2
1 001 元～5 000 元	147	33.6	119	26.6	44	44.0	55	37.9
1 000 元及以下	45	10.3	43	9.6	9	9.0	16	11.0
合计	438	100.0	448	100.0	100	100.0	145	100.0

(二)农户负债状况

大量的农户入不敷出，加之建房的开支巨大，因此很多农户都有较为沉重的债务负担。评估数据表明，1 143户中，完全没有债务的只有241户，占样本的21.1%，其他的902户都有各种渠道的借款，占样本的78.9%。

在有借款的农户中，从亲友处借款的有588户，从信用社或银行等正规金融机构借款的有765户，从互助资金借款的有22户，从其他渠道借款的有19户。不同借款渠道的借款状况如表6所示。可以发现有借款的农户平均每户借款额度为32 507.7元，其中大部分是向亲朋好友和银行借款(见表6)。如果考察有借款农户借款数的分布状况，可以发现，77.0%的农户借款额度居于10 001元~50 000元的区间，具体见图3。

表6 农户目前借款状况

	频次(户)	最大借款额(元)	平均值(元)	标准差(元)
亲友处借款	588	120 000.0	19 291.9	15 258.7
信用社/银行借款	765	300 000.0	22 768.0	16 838.6
互助资金借款	22	23 000.0	6 354.5	6 867.9
其他渠道借款	19	55 000.0	22 157.9	14 477.0
总借款	902	400 000.0	32 507.7	23 802.5

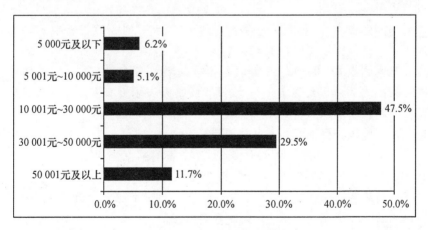

图3 农户平均借款分布图

从不同重建类型来看，在897户重建户中，只有108户没有欠债，占12.0%，其他789户均有不同途径的借款，占88.0%，平均每户借款 34 008.3 元，其中向信用社或银行借款的有 700 户，平均借款额度为 23 171.4 元，向亲朋好友举债的有 508 户，平均借款额度为19 913.1元。在 246 户维修户中，有 133 户没有欠债，占 54.1%，其他 113 户均有外债，占 45.9%，平均每户借款 22 030.1 元，其中向信用社或银行借款的有 65 户，平均借款额度为 18 423.1 元，向亲朋好友举债的有 80户，平均借款额度为 15 347.5 元，具体见表 7。因此，比较来看，重建户的债务压力比维修户高出近 12 000.0 元，而且他们向正规金融机构借款的比例和平均额度都大于维修户，今后几年中重建户的还贷压力会很大，也会制约其家庭的生产和生活。

表 7　重建户、维修户负债状况比较

	重建户（N=897）	维修户（N=246）
有借款农户数	789 户，88.0%	113 户，45.9%
平均借款	34 008.3 元	22 030.1 元
向信用社/银行借款	700 户，23 171.4 元	65 户，18 423.1 元
向亲朋好友借款	508 户，19 913.1 元	80 户，15 347.5 元

(三)农户生产生活恢复状况

经过两年的灾后重建，贫困村农户目前的生产、生活是否恢复到正常状态？与地震前相比生活水平有什么变化？评估调查中对这些问题也进行了考察。

当问到农户"日常生活是否恢复到正常状态"时，应答者中 87.7%的人表示已经恢复，只有 12.3%的人表示没有恢复。

当问到农户"生产经营活动是否恢复到正常状态"时，应答者中 88.1%的人表示已经恢复，只有 11.9%的人表示没有恢复。交叉分析同样表明，年龄越大者更倾向于认为生产经营活动已经恢复正常，而其他因素与此项指标之间的关系并不明显。

当问到农户"家庭生活水平相比地震之前有何变化"时，46.4%的人认为提高了，35.3%的人认为没有变化，而 18.3%的人认为下降了。交叉分析表明，男性、中年以上者、户主、村组干部、党员、维修户更倾向于认为家庭生活水平比地震之前有所提高。

尽管调查中农户的主观评价总体并不差，但是具体访谈中遇到的一些案例表明，一些特殊人群的生活、生产等仍然面临着众多的困难，因为缺钱的窘迫感和压力感非常普遍。

(四)农户生产生活主要困难

评估中还考察了农户对当前主要生产、生活困难的看法,基本情况见表8。数据表明,诸如资金、项目、技术、信息、设施等被多数农户认为是困难的方面,也都是与生产紧密相关的一些要素,这些要素直接关系到农户的增收,进而也影响着农户的生活状况。与此同时,生活设施不配套、粮食不够吃、饮用水缺乏也是一些农户遭遇的问题,需要引起有关部门的关注。在生产方面,除了一些内源性因素外,外部环境特别是市场的变化也直接影响和制约试点贫困村农户的增收。

表8 农户对当前生产、生活中的困难的看法

	频次	百分比
缺乏生产启动资金	814	71.5
家庭债务比较重	799	69.9
没有合适的产业	733	64.5
缺乏技术培训	720	63.4
缺乏劳务转移信息	699	61.9
生产配套设施不到位	466	42.4
生活配套设施不到位	362	31.7
粮食不够吃	263	23.1
饮用水源缺乏	210	18.4

三、以政策措施为基础的分析

(一)国家层面的政策措施

灾后重建与扶贫开发相结合是贫困村灾后重建的基本原则,两年灾后重建任务的基本完成并不意味着灾区贫困村恢复重建的结束,如何实现灾区贫困村的长远发展,真正实现灾后重建与扶贫开发的有机结合,是后重建时期的一个关键议题。

在国家层面,尽管具体政策并未出台,但是在我国国民经济和社会发展"十二五"规划纲要中,国家明确指出要"支持汶川等灾区发展"。而早在汶川地震两周年之际,国务院扶贫办就已着手启动相关的灾区贫困村生计重建项目。

专栏一：汶川地震灾后经济重建项目

2010 年 5 月 29 日，国务院扶贫办与德国技术合作公司（GTZ）就中德技术合作汶川地震灾后经济重建项目在京举行签约仪式。

中德技术合作灾后经济重建项目的重点是生计与可持续发展能力建设和探索灾后重建与扶贫开发相结合的机制。旨在利用 GTZ 的全球网络，借鉴国际社会灾后生计恢复和经济重建的有效做法，总结探索汶川地震灾区贫困村脱贫致富和可持续发展经验。

该项目内容主要包括三个方面：一是灾后贫困村可持续重建和增收模式开发，即设计和执行数个可持续重建和增收试点村模式，通过这些模式提高生产力、降低未来灾害的脆弱性，并示范"关注生计以应对自然和人为灾害行动"的重要性；二是扶贫系统能力建设，即支持国务院扶贫办和省、县扶贫办官员能力建设；三是模式与经验交流，将支持两个地震灾区开展试点村经验宣传和国际交流的投入。

（二）地方层面的政策措施

四川、甘肃、陕西等地方政府已经充分认识到灾后重建的长期性和艰巨性，充分认识到后重建时期必须将工作重心转移到灾区的可持续发展上来。在高度统一思想认识的基础上，相关部门已经开展了大量的研究工作，出台了一系列旨在促进灾区贫困村可持续发展的政策措施。在四川省，随着四川省灾后恢复重建三年目标任务两年的基本完成，汶川地震灾区已基本具备进一步发展振兴的基础。在大量调查研究的基础上，四川省就开始谋划后重建时期灾区的全面可持续发展问题，着手编制《汶川地震灾区发展振兴规划》[①]。而自 2010 年以来，甘肃、陕西两省也出台了相关的扶助地震灾区实现生计恢复重建的多项政策，例如加大对基础设施和公共服务的投入、延长农户贷款的还贷期限，降低贷款利率、推进产业扶持政策等。这些政策措施的出台，都在一定程度上有利于灾区贫困村农户的生计恢复，有利于灾区贫困村的可持续生计。

---

① 根据 2011 年 5 月 15 日最新的消息，国家发改委近日正式复函同意四川省上报的《汶川地震灾区发展振兴规划(2010—2020)》，在灾后恢复重建任务全面完成之后，国家发改委将会同国家有关部门继续支持地震灾区发展。这表明，《汶川地震灾区发展振兴规划(2010—2020)》已上升为国家战略。

专栏二：《汶川地震灾区发展振兴规划(2010—2020)》

2010 年 11 月 9 日，四川省政府第 70 次常务会议上，《汶川地震灾区发展振兴规划(2010—2020)》得以通过，为地震灾区勾勒出发展速度快于全省的路径。

会议指出，要坚持加快发展、科学发展、又好又快发展的总体取向，以进一步保障和改善民生为出发点，以加快产业发展振兴为基础，以生态环境保护、地质灾害防治和防灾减灾为基础，进一步加大资金和政策支持力度，巩固灾后恢复重建成果，改善灾区发展条件，加快经济振兴和社会发展，增强灾区可持续发展能力。

该规划提出，要用五年时间，基本建成人民安居乐业、城乡共同繁荣、人与自然和谐相处的美好新家园，促进灾区经济社会全面发展振兴，为灾区经济社会可持续发展和全面建设小康社会奠定坚实基础。发展振兴的主要目标包括：发展速度高于全省；产业结构优于灾前；全面实现户户就业；基本消除绝对贫困；防灾减灾能力增强。

四、结论与建议

(一)基本结论

从前文三个方面的分析来看，通过两年多的灾后重建，地震灾区试点贫困村的重建基本实现了预期的目标，后续政策的出台将有利于助推试点贫困村的可持续生计进程。

从村庄角度来看，两年灾后重建极大地改善了试点贫困村的生产生活条件，为可持续生计发展提供了相比震前更为有利的条件，这主要体现在道路、饮水、用电、可再生能源等基础设施和公共服务及环境改善方面。不过，在重建内容中，与生计直接相关的重建项目农户满意度不高，表明其重建效果尚有待提高，主要体现在灌溉设施、基本农田的恢复重建和生产发展及能力建设方面。

从农户角度来看，经过重建后，仍有近一半的农户入不敷出，其中特别是重建户家庭收支不平衡程度比维修户更为严重。近 80% 的农户负债，平均额度达到 32 500 多元，其中重建户负债的比例和额度都要远高于维修户。尽管大多数农户认为自家的生产生活已基本恢复，但是诸如资金、项目、技术、信息、设施等与生产紧密相关的要素，多数农户则认为仍然是他们缺乏或最困难的方面，而这些要素直接关系到农户的增收，进而也影响着农户的生活状况。

从政策角度来看，虽然国家层面的生计重建政策尚未出台，但相关的项目已经开展，地方政府也出台了一系列相关的生计发展和经济振兴的规划，为灾区贫困村可持续生计发展打了一剂强心针。

(二)几点建议

1. 在后重建时期要继续贯彻灾后重建与扶贫开发相结合的基本原则，充分认识灾后重建的长期性和艰巨性，将重建工作重心转移到农户的可持续生计发展上来。

2. 有必要出台国家层面的后重建时期灾区贫困村生计恢复重建的政策，统一指导三省灾区贫困村的长远生计发展。

3. 加强探讨后重建时期贫困村可持续生计发展路径和贫困村常规性扶贫开发手段之间的衔接，探讨两者之间在资源整合、机制协同方面的有效途径。

4. 关注重建户和维修户在生计发展上的差异性，给予负债较高的农户以适当的政策倾斜和资金支持。

参考文献

[1] 黄承伟，[德]彭善朴. 汶川地震灾后恢复重建总体规划实施社会影响评估[M]. 北京：社会科学文献出版社，2010.

[2] 联合国开发计划署(UNDP). 汶川地震灾后重建暨灾害风险管理计划项目综合评估调查报告. 未刊稿，2010.

[3] Chambers R. and Conway G.. Sustainable rural livelihoods: practical concepts for the 21st Century[P]. IDS Discussion Paper 296. Brighton:Institute of Development Studies,1999. http://citeseerx. ist. psu. edu/showciting.

[4] DFID. Sustainable livelihoods guidance sheets [R]. London: DFID,1999. http://ishare. iask. sina. com. cn/f/6251959. html?from = like.

西部贫困地区实施退耕还林还草的意义与效益分析
——以甘肃省陇南市为例

王建兵　田　青*

【摘　要】　实施退耕还林工程是生态脆弱地区进行扶贫开发的一项重要任务和有效措施。本文在对陇南市灾后重建调查的基础上,将扶贫开发与生态治理综合考虑,剖析了退耕还林还草政策在贫困地区生态安全、粮食安全、灾后重建等方面的意义,以及该政策实施对生态恢复、农民增加收入、调整农业生产结构等方面的效益,以期为西部贫困地区实现脱贫致富和生态修复提供理论参考。

【关键词】　贫困地区　退耕还林还草　意义　效益

退耕还林还草工程是将长江上游、黄河中上游地区水土流失严重的坡耕地上的农业生产以林草植被替代恢复原有的林草业生产,以实现西部地区生态环境的改善,农业经济结构的调整和全社会的可持续发展。退耕还林工程的实施为区域经济结构的调整带来了机遇,西部可利用国家政策,重新构建经济结构,尤其是农业内部的产业结构①。实行退耕还林还草工程就像一个应急救援工程,国家选择了非常恰当的时机推行新的农业政策,使阻力大减,效益倍增②。1999 年在四川、甘肃和陕西三省率先开始退耕还林还草试点。2000 年,经国务院批准,退耕还林

---

* 王建兵,甘肃省社会科学院农村发展研究所副所长、贫困问题研究中心副研究员、博士;田青,甘肃省社会科学院。

① 李双江等:《西部地区退耕还林(草)运行机制初探》,《干旱区资源与环境》,2004 年第 5 期。

② 徐晋涛等:《退耕还林还草的可持续发展问题》,《国际经济评论》,2002 年第 2 期。

还草工程在全国 13 省(市)、174 个县展开试点。经过 10 多年的建设，退耕还林还草取得了阶段性胜利。退耕还林还草政策对加强生态建设，优化农村产业结构，促进农村经济发展，推进西部大开发和全面建设小康社会具有重大的意义①。

一、基本情况

陇南市地处秦巴山区，是甘肃境内唯一的长江流域地区，气候属亚热带向暖温带过渡区，境内高山、河谷、丘陵、盆地交错，气候垂直分布，地域差异明显。人均占有耕地少，山地占 90％以上，降雨时空分布不均，易旱易涝，是我国四大滑坡泥石流密集区之一，地质灾害的发育程度、爆发频率和危害程度均居全国前列，是"5·12"汶川大地震的重灾区，地震涉及陇南市 195 个乡镇、2 343 个村和 42.58 万户 174.76 万人口。"5·12"地震中陇南市直接经济损失达 422.61 亿元，其中农村受损估值总计 206.60 亿元，约占整个陇南市直接经济损失的一半。陇南市也是甘肃省最贫困的地区之一，陇南市 9 县(区)中有 7 个县(区)是国家扶贫工作重点县，195 个乡镇中有 182 个乡镇是贫困乡镇，3 237 个村中有 2 106 个村是贫困村。近 10 年来通过各种扶贫措施和国家灾后重建计划，贫困人口由 2000 年的 128.88 万人下降到 2009 年的 76.89 万人。贫困发生率由 2000 年的 53.35％下降到 2009 年的 31.21％。农民人均纯收入由 2000 年的 956 元上升到 2009 年的 1 995元。

二、实施退耕还林草的意义

(一)生态安全的战略需要

陇南市是全国四大滑坡泥石流重发区和长江中上游水土流失重点治理区。陇南市现有耕地 552 万公顷中，90％以上属于陡坡耕地，其中坡度 25°以上的坡耕地面积就达 28 万公顷。这些坡耕地土层瘠薄，土壤疏松，水土流失严重。根据有关资料，陇南市年均流失泥沙 1.6 亿吨，占嘉陵江输入长江泥沙的四分之一。在陇南市实行退耕还林，不仅是生态文明的需要，也是减少长江泥沙量、维护三峡工程安全和生态安全的战略选择。

---

① 曹心静等：《宁夏南部山区退耕还林后草畜产业发展探讨——以海原县为例》，《干旱区资源与环境》，2007 年第 7 期。

(二)粮食安全的现实选择

陇南市是全国小麦条锈病的核心越夏区，素有"条锈病窝子"之称，不仅对本地小麦生产构成严重威胁，而且波及周边晚熟冬麦区和春麦区。复杂的地理和生态特点使条锈菌在该地区既能越夏又能越冬，在小范围即能完成周年循环。新小种产生后，陇南市特殊的地理位置又使之成为向全国扩展并导致流行的最重要的区域。陇南在海拔高度1 600米以上有大面积小麦种植，全年最热的七、八月份平均旬温不高于22℃的区域条锈菌可寄生在自生麦苗或晚熟冬麦上越夏，使陇南市成为全国最重要的越夏区域[①]。由于条锈病没有一个很好的根治办法，易造成小麦条锈病大流行。因此，陇南市只有通过大面积的退耕还林，才能从根本上解决小麦条锈病的防治问题，改善陇南农业结构。这不仅关系到陇南经济发展，而且对全国小麦生产安全具有十分重要的意义。

(三)巩固农村灾后重建成果的重要手段

陇南市是"5·12"汶川大地震的重灾区，陇南市9县(区)中就有7个县(区)是重灾县，特大地震灾害引发了大面积的泥石流和滑坡，原本生产条件就很差的坡耕地已失去了生产耕种的条件，加上陇南市因"5·12"汶川大地震有243个整村须异地重建，原有的宅基地、村庄周围的坡耕地，由于路途遥远、投入大、产出低，也已无法继续耕种。据不完全统计，陇南市由于地震灾害无法耕种的坡耕地、废弃的宅基地面积共有10.7万公顷。这些耕地虽然失去了耕种的价值，但却是实施退耕还林的最佳区域，是地震灾区群众通过退耕还林进行恢复重建、发展支柱产业、增加收入的主战场。

(四)调整农村产业结构的最佳途径

"八山一水一分田"是陇南市地形地貌的典型写照，境内山大沟深，土薄地贫，山坡耕地亩产不足150千克，产量非常低。尤其是坡度25°以上的坡耕地基本上还处于广种薄收的耕作阶段。同时，陇南具有得天独厚的气候条件，兼备温带、亚热带两种气候，降雨比较充沛，适宜核桃、花椒、油橄榄、茶、银杏、油桐、桑、漆、猕猴桃等300多种经济树种生长，造林的条件好，山地面积大，发展特色林果产业优势明显，前景广阔。在陇南的扶贫开发工作中，继续实施退耕还林，加大退耕还林政策的扶持力度，既有利于改善灾区生态环境，也有利于促进农业结

---

① 周祥椿：《陇南小麦条锈病治理及基因控制》，《甘肃农业》，2007年第6期。

构调整，增加灾区农民的收入。

三、退耕还林还草的效益

(一)生态状况得到明显改善

通过实施退耕还林工程，陇南市累计新增造林地面积 21.5 万公顷，森林覆盖率增长 1.5 个百分点，特别是 8 万多公顷跑土、跑水、跑肥的坡耕地退耕还林后，水土流失状况得到了有效遏制。陇南市水土流失面积较 1999 年有了大幅度下降，土壤侵蚀量明显减少。据有关部门测定，400 毫米雨量的坡耕地造林成林后，每公顷减少水土流失 45 吨~75 吨，蓄水 225 立方米左右，陇南市每年减少水土流失 500 万吨，蓄水 1 500 万立方米以上。工程的规模实施，使陇南市局部区域基本实现了"水不下山，泥不出沟"，局部生态状况得到明显改善。

(二)有效增加了农民收入

实施退耕还林，国家还对退耕农户给予退耕还林补助，陇南市按长江流域的标准计算，标准为每亩农田给予 150 千克粮食(折现金 210 元)和 20 元医教补助。项目实施的 10 年间共有 26.8 万农户、112.9 万农民得到现金补助 13.73 亿元，退耕户户均达到 5 123 元。广大退耕还林农户，不仅有了可靠的现金补助解决了吃饭问题，而且解放了劳动力，使他们能从事多种经营、副业生产和外出务工，拓宽了增收途径。据统计，2008 年陇南市因实施退耕还林而剩余的劳动力达到 25 万人，其中 15 万人外出务工，务工收入 6 亿多元(人均达 4 000 元)。

(三)促进了农村产业结构的调整

通过实施退耕还林，一些生态区位重要、粮食产量低而不稳的坡耕地得到治理，提高了土地利用率，农业产业结构得到调整，农业生产方式开始转变，用特色农业置换传统农业的步伐大大加快。10 年来，陇南市通过退耕还林工程发展特色经济林基地 7.4 万公顷，占退耕还林总面积 22.3 万公顷的 33%，涌现出了一大批特色产业乡和专业村。尤其是花椒、核桃、油橄榄、茶叶等特色经济林按兼用树种纳入退耕还林生态林政策补助范围后，群众退耕还林的积极性高涨，确保了退耕还林工程建设的成效。如武都区通过产业结构的调整，经济林收入已从 1999 年的 3 200 万元，增加到 2009 年的 28 018 万元，占全区农业总产值的 38.4%，农民人均经济林收入 526 元，占农民人均纯收入的 41%。特别是通过退耕还林的实施，群众由广种薄收的落后生产方式逐步向精耕细作，推广优良品种，发展多种经营，优质、高产、高效的现代农业方向发展。推动了农村加工、运输，销售、服务、生态旅游等二、三产业的大力发展，促进了"三农"问题的解决。

(四)加快了非公有林业的发展

退耕还林的优惠政策激活了社会各界对生态建设的投入。陇南市共发展私有林业大户 260 多户，面积达到 2.7 万公顷，加快了陇南市林业生态建设步伐。两当县发展千亩以上的非公有林业大户 15 户，拍卖承包荒山荒坡造林近 0.7 万公顷，投入资金近 2000 万元。其他各县都涌现出了一批生态旅游、生态庄园等非公有林业典型，带动了陇南市非公有林业的蓬勃发展。

(五)增强了全民生态意识

加强生态环境保护和建设已逐步成为全民共识。广大干部群众已深刻认识到，退耕还林工程不仅是改善生态环境、建设美好家园的有效途径，而且是贫困群众致富奔小康及解决"三农"问题的有效办法。据中科院的专项调查，甘肃农民对于退耕还林工程建设的认知率达 99%，有90% 以上的农民支持退耕还林工程。通过工程的实施和政策兑现，陇南市广大群众深刻认识到国家以钱、粮换生态的重要性，自觉参与生态建设和发展特色林业。退耕还林工程已成为抓生态建设、促农村经济发展的最具活力的因素。

四、结论

实践证明，实施退耕还林工程是生态脆弱地区进行扶贫开发的一项重要任务和有效措施。实施这一工程对改善生态脆弱地区生态环境，促进农业结构调整，增加农民收入，降低生态移民成本等方面意义重大。近年来，群众从退耕还林还草政策中获得了好的效益，积极要求多退耕、多造林，尽快改变贫穷落后面貌的愿望非常强烈。尤其是"5·12"汶川大地震发生之后，要求继续实行退耕还林的呼声更是高涨。

建议：一是将短期或临时性的补偿政策依据生态安全的需要调整为持续或长期的政策。二是应在充分调研的基础上加大退耕还林工程的力度和进度，有计划、分步骤提高退耕还林补贴标准和面积。三是利用林权制度改革的契机，将山地耕地属性调整为林地属性，实现贫困农民由种地向护林的转变，减轻生态的压力，解放生产力。四是丰富农民实用技术的培训内容，以就业促开发，实现良性的生态移民，拓展农民的收入渠道，从根本上实现贫困农民脱贫致富和生态脆弱地区生态自我恢复的双赢目标。

参考文献

[1] 李双江，等. 西部地区退耕还林(草)运行机制初探[J]. 干旱区资源与环境，2004(5).

[2] 徐晋涛，等. 退耕还林还草的可持续发展问题[J]. 国际经济评论，2002(2).

[3] 曹心静，等. 宁夏南部山区退耕还林后草畜产业发展探讨——以海原县为例[J]. 干旱区资源与环境，2007(7).

[4] 周祥椿. 陇南小麦条锈病治理及基因控制[J]. 甘肃农业，2007(6).

日本灾害管理及其对我国的启示

程广帅　梁　辉[*]

【摘　要】　日本作为一个灾害多发国家，在灾害管理方面积累了丰富的经验。其主要包括制定了比较全面的防灾减灾法律体系、成立了以首相官邸为总指挥的灾害管理机构、制订了完善的防灾减灾规划和发达的灾害信息管理系统。处于社会转型中的中国不仅自然灾害频发，而且社会突发事件发生的概率也比较高，更重要的是灾害管理体制还有待完善，因而日本的灾害管理经验对于我国具有重要的启示意义。本文首先回顾了日本灾害管理体制及其经验，之后，在此基础上提出了我国灾害管理进行本土化创新的政策和建议。

【关键词】　灾害管理　防灾减灾　本土化创新

一、引言

进入 21 世纪以来，全球自然灾害的数量、致死人数都呈上升趋势。印度洋海啸、我国的"SARS"事件、汶川大地震、甲型 H1N1 流感以及最近日本东海大地震等特大型灾害事件接踵而至，造成了大量的人员伤亡、财产损失和严重的社会失序，灾害及其管理已成为各国政府和民众高度关注的公共议题。近年来，在我国国民经济快速增长的同时，自然灾害的数量和因灾害导致的损失也有逐年增加的趋势①。中国科技促进发展研究中心 2004 年在中国西部地区进行的一项大规模社会调查发现，在被调查的 2 700 多个社区中，有近一半在过去一年中遭受过严重的自

　＊　程广帅，中南财经政法大学公共管理学院教师、经济学博士；梁辉，中南财经政法大学公共管理学院教师、经济学博士。

　①　路琮、魏一鸣、范英、徐伟宣：《灾害对国民经济影响的定量分析模型及其应用》，《自然灾害学报》，2002 年第 4 期。

然灾害①。对于"发展是第一要务"的中国而言，灾害管理尤为迫切与重要。在某种意义上，灾害与发展是一体两面：一方面，发展过程中对环境和资源的破坏是灾害加剧的主要原因之一；另一方面，可持续发展又内在地要求控制和减少灾害②。目前，我国的灾害管理体制还处于逐渐完善之中。因此，借鉴世界其他先进国家的灾害管理经验，加强我国的灾害管理体制建设，是当务之急，这对于保障我国的可持续发展与建设和谐社会具有极为重要的理论价值和政策意义。

日本列岛地处亚洲大陆和太平洋之间的大陆边缘地带，灾害和火山活动频繁。在日本，每年因灾害都会造成大量的人员伤亡和财产损失。因此，日本政府和全社会对灾害都予以特别重视。2011年3月发生的日本东海大地震，虽然造成了严重的破坏，但是日本民众在灾害面前的镇定、井然有序以及日本政府应对灾害的高效率给国人留下了深刻的印象。其原因在于，频繁的自然灾害不仅提高了日本国民的危机意识，还催生了一整套结构完整、功能齐全、运转高效的防震救灾机制，保证了在灾害发生时相关各方能及时有效地采取对策。因而，吸取日本在与灾害作抗争过程中所取得的宝贵经验，对于完善我国的灾害管理体制具有重要的参考价值。

二、日本灾害管理体制

（一）日本灾害管理体制演变

日本灾害管理的法规可上溯到1880年颁布的《备荒储备法》，该法主要是为了确保在遇到灾害或饥荒的时候，能够有足够的粮食和物资供给。1961年日本政府制定了《灾害对策基本法》，初步建立了完善的灾害管理体制。但是，20世纪90年代中期以来，连续发生的重大灾害，如1995年阪神大灾害、1997年俄罗斯油轮触礁泄漏污染等，暴露了日本原有防灾体系的缺陷，但也促成了日本关于综合性国家危机管理体制的构建。

1998年4月，日本内阁官房机构改革，设立副官房长官官职的"内阁危机管理监"及其管辖的"内阁安全保障与危机管理室"。"内阁危机管

---

① 赵延东：《社会资本与灾后恢复》，《社会学研究》，2007年第5期。
② 童星、张海波：《基于中国问题的灾害管理分析框架》，《中国社会科学》，2010年第1期。

理监"在突发事件发生时，主要职责是负责评估危害，协调中央各部门发布最初的应急措施，协助总理大臣和官房长官采取相应对策。在平时的职责是负责联系国内外专家，研究制定各种危机管理对策，站在内阁的立场检查和改善各个部门的危机管理机制。2001年中央机构改革，进一步强化了首相的危机管理指挥权、内阁官房的综合协调权以及各危机管理部门防灾减灾工作的地位和作用，并由首相直接担任"中央防灾会议"主席。2002年，日本政府应用最新技术和装备改造升级了首相官邸"危机管理指挥中心"。

在新体制下，日本政府将防灾减灾上升为国家危机管理，直接置于首相管辖之下，并由此形成了日常行政管理、危机管理、大规模灾害管理的制度体系和国家安全保障—危机管理—防灾救灾的现代化综合指挥体系[①]，如图1所示。

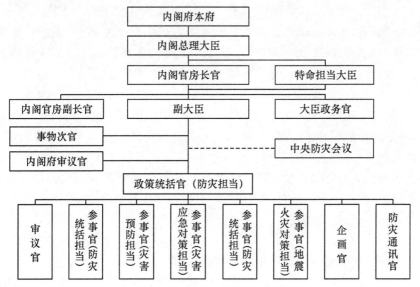

图1　日本防灾救灾综合指挥体系

资料来源：内阁府：災害プレースタッフ研修契約情報，平成21年，2009年。

（二）日本灾害管理体制运作流程

日本灾害管理运作机制从等级上划分，大致分为内阁府、内阁官房

---

① 袁艺：《日本灾害管理的行政体系与防灾计划》，《中国减灾》，2004年第12期；内阁府：《災害プレースタッフ研修契約情報　平成21年》，2009年。

及各省厅三大部分。其中内阁府工作属规划性质，例如制定政策；而内阁官房具备实质指挥功能，诸如危机管理应变的职责；具体到各省厅，他们主要履行的是实际执行功能，同时促进行政机构、公共机构以及公共团体间保持密切的合作与联系①。

当灾害或紧急事件发生后，内阁情报收集中心及首相官邸危机管理中心(上述两个机构均是 24 小时运作，保证了灾害信息的及时接收与输送)通过大众传播媒体、民间公共机构及政府相关省厅等相关机构，能够在灾害发生的第一时间获得灾害信息，并将灾情分别陈报首相、内阁官房长官、内阁官房副长官及内阁危机管理监等主管官员。一般情况下不需要首相亲自处理，只根据灾害的等级启动设置在首相官邸的对策室即可。只有涉及国家安危的重大紧急事件时，才会由首相出面召开会议。

当然，根据事件的不同级别，召开的紧急会议也相应不同。第一，如果紧急信息属于恐怖袭击或外国武力攻击事件，则召开"事态对处专门委员会"和"保障安全会议"。第二，如果信息属于食品卫生等危机事件，则召开"紧急召集小组"。第三，如果紧急事件等级提高，必须让首相了解时，则再提升至"临时阁议"层级，视灾情发展决定是否设置政府"非常灾害对策本部"或"紧急灾害对策本部"，并由此危机管理初动体制(初期应变机制)中之内阁危机管理监，建议由防灾特命担当大臣(或其他省厅之大臣)或内阁总理大臣亲自担任对策本部之本部长。另外，在灾区救灾现场，当发生需要政府能够迅速而又灵活的处理突发情况时，可设置"非常灾害现地对策本部"或"紧急灾害现地对策本部"。

三、日本灾害管理的经验

(一)明确防灾减灾各相关主体的权责

日本的《灾害对策基本法》规定了各行政职能部门在自然灾害预防、应急对策、灾后重建各阶段的责任，应对体制、计划以及财政金融措施等，明确了从政府到普通公民等不同群体的防灾责任，并推进综合防灾的行政管理和财政援助，建立了围绕灾害周期的备灾应急响应和灾后恢复重建的各种专门法律或相关法律，使各类与灾害相关的活动尽可能有

---

① 熊光华、吴秀光、叶俊兴等：《台湾灾害防救体系之变革分析》，《公共行政、灾害防救与危机管理》，社会科学文献出版社，2011 年版。

法可依，不仅规范了各类活动，而且积极推动了灾害管理事业的迅速发展。

具体来说，第一，中央政府的防灾责任是制定并实施全国防灾规划和防灾对策。第二，日本实行的是地方自治制度，因此地区防灾必须依靠地方政府的财力物力来实施。第三，市街村(市村町)的责任是确保灾害中本区域居民的生命财产免受损失，尽可能地获得相关机关和其他地方公共团体的协助，制定适合本区域的防灾规划，并推动防灾规划中各项内容的实施。第四，各级政府相关部门的责任是制定与本部门或本行业业务范围相关的防灾规划和防灾业务规划，并按照灾害基本法和其他灾害相关法律法规的内容进行各项防灾活动。同时为了确保国家、地方政府顺利实施防灾规划，各指定公共机关有责任和义务向所在的地方政府提供其业务范围内的协助。第五，公民的责任：灾害对策基本法规定了地方公共团体区域内的共同团体、防灾设施的管理者、普通市民在防灾方面的责任，以及责任者和民众在防灾减灾过程中表现的奖罚规定。

(二)完善的灾害管理组织体系

在各级政府建立相应灾害对策体制的同时，日本还建立了灾害管理的各类专门机构。为了更好地提高防灾减灾的效率，日本政府于2001年成立了新内阁组织。其中，原主管防灾业务之国土厅与运输省、建设省与北海道开发厅合并为"国土交通省"。同时在新内阁中设置了"危机管理·防灾大臣"一职，来统筹处理跨部会之灾害防救业务。另外，日本政府将原来隶属于国土厅的防灾局层级提升，设置专职的"政策总括官(防灾担当)"来担任。而新内阁的防灾担当职责，主要由五名参事官负责，包括防灾总括担当、灾害预防担当、灾害对策担当、灾害修复担当、灾害应变对策担当。

日本的防灾管理体系分成中央、都道府县、市町村三级制，平时召开灾害防救会议，于灾害发生或有灾害发生时成立灾害对策本部；当发生重大灾害或异常且激烈的重大灾害时，则由内阁总理大臣于总理府设置临时的"非常灾害对策本部"及"紧急灾害对策本部"，同时，为了便于处理灾害现场事务，可于灾害现场设置"灾害现场对策本部"。

(三)制定周密的防灾计划

日本的《灾害对策基本法》对各级政府制定防灾计划的职责作出了具体的规定。其中，中央政府的职责是制定国家的防灾基本计划，各相关政府部门负责制定与业务相关的防灾业务计划，地方政府的职责是制定本行政区范围内的地方防灾计划。防灾基本计划由中央防灾会议指定，明确建立减灾组织和系统的基本指导方针，促进防灾程序，及时正确的开展灾害恢复和重建，指定减灾的科学研究计划，以及指定灾害管理业务计划和地方计划的优先条款。防灾业务计划由指定政府机构和公共机构制定，确定各机构应该承担减灾对策。地方防灾计划由都道府县及市村町防灾会议负责制订，确定由地方减灾机构应承担的减灾对策。一般来说，各地区都按照灾种制定了具体的防灾计划，包括地震、雪灾、火灾、危险物事故、突发重大事故等。其突出特点是对区域内可能发生的自然灾害都有非常具体的预测，包括人员伤亡情况，建筑物损坏情况，火灾情况及需要避难人数等，都做了比较具体的估算①。在这种情况下，就可以有的放矢地制订各类地方防灾对策。

(四)构建信息畅通的灾害管理网络

首先，日本在内阁官房下设立了以内阁情报调查室为核心的信息管理机构，负责进行情报的搜集、汇总、分析与综合利用等工作，以加强国家对灾害信息的集中控制能力。其次，为协助权威信息管理机构做好灾害信息的搜集、汇总、分析与综合利用工作，从中央到地方设立了纵横交错的信息管理组织。在中央，以及国土交通省等相关机构下设有情报本部等信息管理组织。除了中央省厅有一套情报信息传输系统外，各相关机关团体和各级地方政府的相关部门也都建立了自己的灾害情报传输系统。最后，根据数字化、信息化、网络化等高新技术所具有的特点，利用卫星、固定摄像、远距离小型图像传送仪以及飞船(UAV)等技术，日本政府将高度发达的通讯系统运用于灾害管理，建立了著名的菲尼克斯灾害管理系统②。

四、日本灾害管理的启示及我国的本土化创新

日本是一个已经完成社会转型的发达国家，社会矛盾相对来说不是很突出。而我国则不同，自然灾害本身虽然会带来严重的后果，但更重要的是，在社会转型的我国，灾害不仅会带来生命和财产损失，更大的风险是，如果救灾工作不力，则可能会引发群体性社会冲突。同时，我

---

① 袁艺：《日本灾害管理的法律体系》，《中国减灾》，2004 年第 12 期。

② 李俊、聂应德：《日本灾害信息系统及其运作：经验与启示》，《东南亚纵横》，2009 年第 2 期。

国社会转型积累了大量的社会风险，这对我国的灾害管理提出了更高的要求。但是在灾害管理方面，我国还存在灾害的应急反应机制和应对能力有待提高、灾害管理体制还不顺畅等问题①，因此我们必须根据我国的国情，在借鉴日本灾害管理经验的基础上，对灾害管理进行本土化创新。

（一）转变灾害管理理念

伴随着灾害的增多及其破坏力的加剧，以及人们对灾害的认识逐步加深，我国民众形成了以下两点共识：一是灾害的破坏性大小取决于自然与社会相互作用的结果。人们不应只关注灾害产生的原因和工程防御，而应更关心人类在应对灾害时能做些什么。二是灾害的社会属性超越自然属性的观念开始占据主导地位。本文所持的前提性观点是大灾的内涵。这和我国的《突发事件应对法》所下的定义基本上是一致的，即"突然发生、造成或可能造成严重社会危害，需要采取措施予以应对的自然灾害、事故灾难、公共卫生事件和社会安全事件"。另外，很多研究发现，灾害的一个严重后果就是加重了贫困发生率，对贫困群体的影响尤为严重。同时，我国的大型灾害大多发生在西部生态脆弱和贫困地区，因而政府的灾害管理应该把防灾减灾工作和减贫结合起来，不应仅仅关注短期内的灾区恢复重建工作，更应该重视对灾区及受影响群体的长期可持续发展。

在此基础上，我国的灾害管理应该树立这样的理念：首先，要全面管理，不仅要管理灾害的自然属性，而且要管理灾害的社会属性；其次，要全程管理，不仅要管理灾害产生的环境，而且要管理灾害引致的社会后果。最后，要综合管理，不能局限于灾害管理本身，既要向前扩展为灾害预防管理，也要向后扩展为灾后应急管理。在此理念上建立的灾害管理体制，相应的具有以下三个特征②：第一，系统性。灾害管理不仅要控制事态，减少损失，还要修复政府形象，增强政府合法性，更要借此契机推动社会改革，优化治理结构，以此达成社会的长治久安。第二，动态性。灾害管理体制应具有多态性，保证在不可预知的灾害面前能够根据具体情况的变化而采取相应的应对措施，而不是因循守旧，

---

① 李学举：《我国的自然灾害与灾害管理》，《中国减灾》，2004年第6期。

② 童星、张海波：《基于中国问题的灾害管理分析框架》，《中国社会科学》，2010年第1期。

贻误救灾时机。第三，主动性。突发事件毕竟会造成人员伤亡、财产损失、社会失序等客观性恶果，而灾害管理的主动性体现在事前的预防管理和事后的应急管理，将灾害损失减到最小化。

(二)明确划分国家减灾委与民政部等灾害管理部门的业务关系

国家减灾委员会(简称"国家减灾委")的主要职责是"研究制定国家减灾工作的方针、政策和规划，协调开展重大减灾活动，指导地方开展减灾工作，推进减灾国际交流与合作。国家减灾委员会的具体工作由民政部承担"①。这说明国家减灾委只是一个协调性的机构。结合我国目前正处于灾害与风险的多发期，笔者认为，必须对国家减灾委的功能进行重新界定，并厘清其与其他具体执行部门的业务关系。

首先，依据我国2007年颁布的《突发事件应对法》，灾害的内涵不再仅仅限于自然灾害，还应该把公共安全、食品卫生、群体性事件都纳入灾害的概念范畴中来。因而，国家减灾委的功能就不应该仅仅限于应对自然灾害，同时也应该把群体性事件、事故灾难、公共安全等纳入国家减灾委的工作职责中来，统一整合各类资源。其次，像民政部、国家安全监督管理总局、国家食品药品监督管理局、公安部、武警、军队等应对不同突发事件的国家部委，其既有自身特有的功能和职责，但是又在救灾功能上有重叠之处。这不利于国家灾害管理资源的有效配置，难以发挥最好的效果。因此，应重新考量中央诸多涉及灾害管理部委与国家减灾委的关系，将国家减灾委由一个协调性的机构改造为一个具有实体权责的指挥机构，使其发挥类似日本内阁官房的灾害管理功能。由于功能的扩展，国家减灾委相应的应该改名，依据《突发事件应对法》，可改为"国家应对突发事件委员会"。将大灾害概念框架下的突发事件都纳入管理对象之中，通过创新机制加大对防灾减灾相关部门的业务整合力度，整合各类救灾资源。这不仅有利于提高政府应对突发事件的执行能力，而且有助于改善各类救灾资源的配置效率。

(三)强化地方政府的灾害管理执行角色

一般来说，灾害总是发生在一定的区域之中，因而灾害的应急管理工作就必然涉及地方各级政府，尤其是地方政府承担着具体的防灾减灾任务，必须明确地方政府具体的防灾减灾任务，提高防灾减灾中的执行效率和效果。

---

① http://www.jianzai.gov.cn/.

首先，应强化城市的区政府和农村的乡政府作为防灾减灾工作第一线执行者的角色功能。考虑到防灾减灾工作具有区域性特征，因此必须有效结合当地防灾减灾资源，平时就做好各项防灾减灾准备工作，只有这样才能在灾害发生时迅速动员抢救，尤其是对于大规模多点式灾害同时发生时，如何运用当地民间救灾资源就更为重要，而基层政府在其中扮演着极为重要的角色。笔者建议，在基层党委中整合相关部门，设置应急管理部，部门领导进入党委常委，其管理范围不仅应包括应对自然灾害，也应包括应对社会群体性事件，只要涉及公共安全的事件都应纳入其工作范围。其次，囿于行政区域的分割，各种防灾减灾工作规划及执行，均应以行政区域为出发点。但是灾害往往跨越行政区域，当在灾害情况难以及时掌握的情况下，对于掌控及分配各项资源等更为不易，因此应该建立跨区域的联合机制，以协调不同地方政府的防灾减灾行动，提高救灾效率。最后，中央政府应该建立针对地方政府的防灾减灾督导考核制度，审查各地区防灾减灾规划及应对措施的可操作性，并督促地方政府落实减灾及准备工作。当灾害发生时则提供灾情判断及紧急支援抢救机制，明确灾害支援等级，避免发生重大灾害时救灾资源无法有效调度。

(四)建立信息畅通的防灾减灾网络

我国应该建立一个指挥和执行的统一模式化架构，以及标准化的处理原则，对灾害现场各类救灾资源进行整合、协调、指挥、部署及调度，从而保证灾害现场指挥的令出一门和畅通，并提高防灾减灾执行的效果。受益于发达的信息产业，目前我国各级政府及相关部门业务数据电子化和网络化程度相当高。现在关键的问题是，政府各部门囿于部门本位观念，还没有建立畅通的信息沟通渠道。

首先，基于我国的实际情况，建立统一的灾害管理系统，使之成为我国灾害应对标准化平台，强化防灾减灾的统一指挥。其次，开发多层次的模块化训练信息平台，重现仿真灾害现场情景，依不同灾害规模等级、情景模拟条件、灾情演变及参与成员身份等进行联合训练，强化指挥官情况判断能力，并透过系统化作业及经验学习，以达到积累灾害应对的经验。最后，政府各防救灾部门应该基于各自的信息化网络建立彼此间实时的横向及纵向联系，同时和互联网进行连接，以便普通群众也能及时获得防灾减灾的真实信息，建立畅通的各级政府与普通群众共享信息防灾减灾网络。

(五)加强社会团体在防灾减灾中的作用

大型灾害发生的时候,光靠政府的救灾力量常常很难做到面面俱到,因此应整合民间及慈善团体参与到救灾工作中来,推动公众自卫能力,充分发挥民间救灾的力量。我国的救灾现状可归纳为"重大灾轻小灾、重政府轻社会、重灾后救援轻灾前预防、重生命财产等直接损失,轻生产和社会损失"①。而政府所轻视或者说没有顾及的救灾活动应该通过发挥社会组织的作用而得以弥补,这是民间 NGO 组织发挥作用的空间。但到底怎么做才能促进民间参与的广度和深度呢?政府部门还不是很清楚。反过来,很多 NGO 也不清楚政府在救灾行动中掌握的具体资源,因而我们应该建立加强政府与社会团体沟通的平台。

首先,在国家减灾委的执行机构中设立专门和社会组织沟通的部门,其职责不仅仅在于促进政府部门与社会组织的沟通,更重要的是协调和管理参与防灾减灾的各社会组织如何更有效地配置资源。这样做,一方面可以促进社会组织与政府及时沟通信息,避免救灾资源的盲目、重复和浪费;另一方面可以告知社会组织防灾救灾信息并分配官方资源,以提高救灾效率。其次,社会组织之间也应该建立 NGO 减灾救灾的网络平台。在全国各省确定一个较有威信的本地 NGO 作为枢纽机构和信息资源沟通的节点,并同时负责防灾减灾培训等工作;另外,再招标选出若干执行机构,具体承担项目执行。

(六)加强防灾减灾中的公众参与

首先,应建立全民防灾观念,重视亲身实际体验。1995 年日本阪神大地震灾害严重,灾后政府将每年的 9 月 1 日定为"防灾日",除仍持续扩大举办各项综合演练外,还将演习重点着重于全民参与,以实体建筑进行演习,使居民有实际临场体验,并设各项实作区,提供各项设施供民众操作体验。目前我国防灾倡导方式仍采用文字、媒体方式进行宣传教育,普通群众很难有亲身体会的机会,因此应效法日本鼓励民众亲身实际演练,以提高群众的防灾救灾知识。其次,应强化自主防灾组织。在各个家庭、工作场所、学校及每一社区开展"市民灾害自救能力"活动,以提高市民对灾害的应变能力。

---

① 申剑丽:《民政部力推救灾官民合作 NGO 拟搭建共享网络》,2011 年 4 月 6 日《21世纪经济报道》。

参考文献

[1] 童星，张海波. 基于中国问题的灾害管理分析框架[J]. 中国社会科学，2010(1).

[2] 王德讯. 日本防震减灾的启示[J]. 中国社会科学院院报，2008(42).

[3] 袁艺. 日本灾害管理的法律体系[J]. 中国减灾，2004(12).

[4] 袁艺. 日本灾害管理的行政体系与防灾计划[J]. 中国减灾，2004(12).

[5] 李俊，聂应德. 日本灾害信息系统及其运作：经验与启示[J]. 东南亚纵横，2009(2).

[6] 熊光华，吴秀光，叶俊兴，等. 台湾灾害防救体系之变革分析[C]. 公共行政、灾害防救与危机管理[M]. 北京：社会科学文献出版社，2011.

[7] 申剑丽. 民政部力推救灾官民合作　NGO 拟搭建共享网络[N]. 21 世纪经济报道，2011-4-6.

[8] 路琼，魏一鸣，范英，等. 灾害对国民经济影响的定量分析模型及其应用[J]. 自然灾害学报，2002(4).

[9] 赵延东. 社会资本与灾后恢复[J]. 社会学研究，2007(5).

[10] 内阁府. 災害プレースタッフ研修契約情報，平成 21 年，2009.

自然灾害对集中连片特殊困难社区
贫困的影响研究*
——以武陵山区为例

张大维

【摘　要】　自然灾害会对贫困产生影响，在集中连片特殊困难社区，灾害—风险、脆弱性、可行能力、贫困四个核心要素具有强烈的互构性，由其形成的分析框架能够较好地解释自然灾害对贫困带来的影响。从脆弱性和历史的视角、可行能力和现实的视角、贫困和未来的视角的研究均表明：与一般社区相比，自然灾害发生导致的风险，对困难社区的影响更大。透过武陵山区的案例分析，可以发现：在集中连片特殊困难社区，自然灾害具有多发性和高频性；自然灾害影响具有广泛性和深度性；自然灾害与贫困具有重合性和一致性；自然灾害、脆弱性、可行能力、贫困等要素之间具有相对的继替性和循环性。加强集中连片特殊困难社区灾害风险管理意义重大且势在必行。

【关键词】　自然灾害　贫困　困难社区　武陵山区　集中连片

　　自然灾害对贫困的影响研究是一个新课题。"十一五"时期，地震、洪水、干旱、泥石流等自然灾害频繁发生，我国农村生产生活面对严峻

　　* 中国博士后科学基金项目"武陵山区特殊类型贫困地区连片开发研究"（20100480919）、国家社科基金项目"城乡统筹进程中的社区公共服务体系一体化建设研究"（09CZZ025）、华中师范大学重大预研项目"集中连片特殊类型困难地区（武陵山区）扶贫开发研究"（20100402）的阶段性成果之一。本文所用数据来源于笔者参与的"集中连片特殊困难地区（武陵山区）减贫战略研究"基线调查课题组。该课题组由中国国际扶贫中心（IPRCC）、德国国际合作机构（GIZ）、华中师范大学社会学院联合组成，在此对全体课题组成员表示感谢。

　　张大维，华中师范大学社会学博士后、华中师范大学社会发展与社会政策研究中心研究人员、华中师范大学社会学院教师。

挑战。自然灾害与贫困往往相伴而行，尤其是在集中连片特殊困难社区，灾害—风险的介入，使得这些社区的扶贫开发变得更加复杂。2010年底召开的全国扶贫工作会议明确提出："未来10年，我国将把集中连片特殊困难地区作为主战场，更加注重解决连片特困地区贫困问题。"2011年3月16日新华社公开发布的"十二五"规划纲要既指出了要"加强对极端天气和气候事件的监测、预警和预防，提高防御和减轻自然灾害的能力"，又强调了要"在南疆地区、青藏高原东缘地区、武陵山区等集中连片特殊困难地区，实施扶贫开发攻坚工程"。鉴于此，将自然灾害引入集中连片特殊困难社区这一特殊场域考察其对贫困的影响，研究自然灾害与贫困发生的一般规律，探讨灾害风险管理与减贫的方式方法具有重要价值。

一、灾害风险—社区贫困的分析框架

本文拟建立一个灾害风险是如何去影响困难社区的贫困的分析框架，即灾害风险—社区贫困分析框架。其以要素互构性为理论阶梯，首先需要找准灾害与贫困相互作用中可能具有的核心要素或关键概念，然后在界定各要素内涵的基础上建立关联模型或分析框架。

(一)核心要素的概念界定

灾害—风险、贫困、脆弱性、可行能力是自然灾害对贫困影响过程中的核心要素或关键概念。第一，灾害—风险。风险一般指某一特定危险情况发生的可能性和后果的组合。狭义的风险强调风险表现为不确定性(结果一定是不利的)，广义的风险强调风险表现为损失的不确定性(结果可能不利也可能有利或折中)。灾害—风险则更可能是带来不利的后果，"它们表现为对于植物、动物和人类生命的不可抗拒的威胁"[①]。第二，贫困。贫困的概念很复杂，联合国开发计划署在1996年的《人类发展报告》中将贫困界定为："贫困不仅指低收入，也指医疗与教育的缺失、知识权与通讯权的被剥夺、不能履行人权和政治权力、缺乏尊严、自信和自尊。"诺贝尔奖获得者阿马蒂亚·森认为："贫困不仅仅是贫困人口收入低下的问题，而是意味着贫困人口缺少获得和享受正常生活的能力，或者说贫困真正含义是贫困人口创造收入的能力和机会的贫困。"综合各种观点，本文将贫困界定为：人们无法获得足够的经济收入来维

---

① [德]乌尔里希·贝克：《风险社会》，何博闻译，译林出版社，2004年版，第7页。

持一种生理上要求，及其所拥有的基本生存资源、人力资源及社会参与资源低于其所认同的最低标准的生活状态，一般包括物质、经济、能力和权利等方面的缺乏状态。第三，脆弱性。脆弱性概念是生态学概念的演化，将其纳入贫困研究，可以指生态脆弱性和贫困主体的脆弱性。贫困主体的脆弱性，主要指社区、家庭或者个人将要面临的各种导致贫困风险的可能性。脆弱性越高，变为贫困的可能性越大。一般来讲，脆弱性增强，可行能力则减弱。第四，可行能力。阿马蒂亚·森认为："一个人的可行能力指的是此人有可能实现的、各种可能的功能性活动的组合。可行能力因此是一种自由，是实现各种可能的功能性活动组合的实质自由。"[①]本文认为，这种自由，包括拥有能使人达到最低生存条件之上的，改变现实状态的经济能力、政治能力、社会能力和文化能力等。另外，本文也将社区和家庭看作可行能力的主体。

（二）要素互构的分析框架

灾害—风险、脆弱性、可行能力与贫困具有内在的要素互构性[②]。在集中连片特殊困难社区，这种互构性体现得更为充分。自然灾害是一种风险，风险会导致社区、家庭或个人的脆弱性增强、可行能力减弱，从而致贫或返贫。如果以困难社区作为研究自然灾害风险对社区贫困影响的特殊场域，我们会发现，与一般社区相比，自然灾害发生导致的风险，对困难社区和困难人群的影响更大。第一，从脆弱性和历史的视角看，困难社区往往脆弱性较强，其更容易发生自然灾害，这就增加了困难社区加深贫困的可能。如有些学者所说，历史上，最穷的人一般都居住在最危险的地方，困难村也大多位于远离交通干道的偏远区域，生态地理和自然环境较差，这些地方更具有脆弱性，自然灾害发生的频率也相对较高，而一旦自然灾害发生，其贫困程度必然加深。第二，从可行能力和现实的视角看，在自然灾害发生的前、中、后三个阶段，困难社区和困难人群表现出防灾、减灾和重建的可行能力不足，从而也加剧了贫困程度的进一步深化。一方面，自然灾害发生以前，困难社区和困难人群的防灾能力相对较差，表现为经济结构单一、文化素质低下、思想

---

① ［印］阿马蒂亚·森：《以自由看待发展》，任赜、于真译，中国人民大学出版社，2002年版，第62页。

② 本文使用的要素互构性是受郑杭生先生社会互构论的启发。参见郑杭生、杨敏：《社会互构论：世界眼光下的中国特色社会学理论的新探索——当代中国"个人与社会关系研究"》，中国人民大学出版社，2010年版。

观念落后、物资基础薄弱、防范技能缺乏、避灾的可行能力不足。另一方面，自然灾害发生时，困难社区和困难人群的减灾能力相对较弱，表现为房屋质量差、抵御能力弱、避灾知识少等。此外，自然灾害发生后，困难社区和困难人群的重建能力相对缺乏，表现为原有基础破坏大、可用资金物质少、外界援助进入难、恢复重建难度较大、所需时间长①。第三，从贫困和未来的视角看，这些发生自然灾害后贫困程度加深的困难社区，其更大的脆弱性和更低的可行能力，又会招致自然灾害的再次光顾，如此恶性循环，困难社区将会雪上加霜(见图1)。

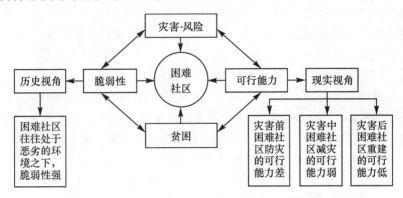

图1 灾害—风险、脆弱性、可行能力与贫困要素互构的分析框架

二、武陵山区—困难社区的案例阐释

以下从研究对象与研究方法、自然灾害在武陵山区—困难社区的现实状况、自然灾害对武陵山区集中连片特殊困难社区的贫困影响等方面进行案例阐释。

(一)武陵山区—困难社区概况与研究方法

武陵山，位于渝、鄂、湘、黔四省(市)的交界处。武陵山区，也称武陵山片区，为武陵山脉覆盖的地区，是国家西部大开发和中部崛起战略的交汇地带，是国家重点扶持的集老、少、边、穷、山为一体的18个贫困片区之一，共有56个区县，其辖有30余个国家级贫困县，是我国最为集中的贫困县聚集区之一。武陵山区以喀斯特地貌为主，总面积达10万平方千米，总人口达2 000余万人，是我国跨省交界人口最多

---

① 黄承伟、陆汉文：《汶川地震灾后贫困村重建：进程与挑战》，社会科学文献出版社，2011年版，第5页。

的少数民族聚居区之一,聚居着土家族、苗族、侗族、白族、回族、瑶族等 30 多个少数民族总计 1 200 多万人①。武陵山区所具有的山区贫困连片、少数民族聚集、自然生态脆弱等特点,使其成为名副其实的集中连片特殊困难地区。2010 年底,笔者所在的集中连片特殊困难地区(武陵山区)减贫战略研究课题组分四个调研组赴重庆市、湖北省、湖南省、贵州省对武陵山区进行了扶贫开发调研。我们采用资料收集、个案访谈、小组座谈、实地观察等调研方法,发放和回收了 149 份困难社区基础数据采集表和 698 份村民有效问卷。下文将以此次调研的数据资料为基础,对灾害—风险、脆弱性、可行能力与贫困的互构性、规律性进行案例分析,阐释以困难社区为场域的自然灾害对贫困的影响规律。

(二)武陵山区—困难社区的自然灾害状况

武陵山区—困难社区发生的自然灾害具有多样性和高频性。一方面,武陵山区—困难社区的自然灾害具有多样性。该区常见的自然灾害有干旱、霜冻、大风、山洪、泥石流、塌方、地陷等。调查显示,近 5 年来,困难社区自然灾害类型多样,有效的 124 个样本社区中,共发生 366 次水灾、290 次病虫灾、281 次风灾、280 次旱灾、169 次山洪泥石流灾、121 次冰雹灾、117 次霜冻灾、66 次山林火灾,另外还有 28 次其他类型的灾害。另一方面,武陵山区—困难社区的自然灾害具有高频性。水灾、病虫灾、风灾、旱灾等灾害经常光顾该地区。调查显示,近 5 年来,平均每个社区遭受了 3 次水灾、2.3 次病虫灾、2.3 次风灾、2.3 次旱灾、1.4 次山洪灾、1 次冰雹灾、0.9 次霜冻灾和 0.5 次山林火灾。自然灾害的频发性在各地区也表现得较为突出。例如,据统计,在 20 世纪前 95 年中,湖南省湘西州困难社区共发生洪涝灾害有 74 年,其中湘西全州性洪涝有 35 年,特大洪涝有 10 年,而 1958 年—1995 年的 38 年中,共发生洪涝灾害 33 年,可谓 10 年 9 灾。干旱出现频率为 73%～92%,大旱灾为 2 年～3 年一遇,且洪涝灾害发生频率随年份推进而持续加快②。

自然灾害对武陵山区—困难社区的影响具有广泛性和深度性。一方

---

① 冯伧光:《地缘经济区视角下的行政区边缘山地经济协同发展——以渝黔湘鄂结合部的武陵山区为例》,《山地学报》,2009 年第 2 期,第 170～171 页。

② 白晋湘:《山寨经济发展研究——以武陵山区为例》,民族出版社,2006 年版,第 47 页。

面，严重自然灾害的波及面较广。调查显示，近 5 年来，困难社区发生较严重自然灾害的类型也较多，包括旱灾、水灾、冰雹灾、病虫灾、大风灾、霜冻灾、泥石流灾、雪灾、电灾、火灾等，从波及的村庄看，这些灾害分别波及 124 个村庄中的 79 个、78 个、33 个、29 个、28 个、17 个、5 个、2 个、1 个、1 个，受灾严重的村庄较多。另外，近 5 年内经历过 3 次较强灾害的有 69 个村庄，占总量的 42％，受过 2 次较强灾害的达 90 个村庄，占总量的 54.9％，经历过 1 次较强灾害的为 102 个村庄，占总量的 61.8％。另一方面，严重自然灾害的损失度较重。调查显示，以上受到严重灾害的各村庄受灾面积均值在 500 亩左右，直接经济损失都超过了 13 万元。另外，武陵山区一困难社区常年因病虫害而导致的农作物损失率分别是：玉米、油菜、烟草在 5％～12％之间，水稻为 9.48％～12.39％，柑橘高达 30％，农作物的收成受到严重的影响。

（三）自然灾害对武陵山区一困难社区的贫困影响

1. 脆弱性和历史的视角

从脆弱性的视角看，生态脆弱与灾害发生之间、灾害与贫困之间具有密切的内在联系。生态脆弱的地方更容易招致自然灾害的发生，从而也更可能导致贫穷。从社会历史发展的视角看，穷人往往居住在生态和环境脆弱的地方，贫困社区往往是脆弱性强的社区。二者的叠加就是，贫困社区的脆弱性强，脆弱性强更易引发自然灾害；贫困社区更易发生自然灾害，自然灾害增加贫困社区的贫困程度。这在武陵山区集中连片困难社区得到了充分体现。

武陵山区一困难社区的贫困是和其与生俱来的生态脆弱性分不开的。武陵山区生存环境恶劣，多为偏远深山和高寒地带。武陵山是褶皱山，山脉有一系列的褶皱和断裂，多为喀斯特地貌发育，呈现 350 米至 1 200 米的多级剥夷面。抽样调查显示，困难社区主要位于深山或二半山中，这类地理特征的社区占到了 89.3％。武陵山区一困难社区大多位于远离交通要道的偏远区域，道路等交通设施通达和通畅显得不足。对样本农户的统计分析显示，农户距离城镇的均值为 9.6 千米左右，有 5％的村民距离城镇超过了 25 千米，且多为山路。从到达集镇的单程时间上看，一般在 100 分钟左右，最长时间达 600 分钟。武陵山区一困难社区的社区自然条件较差，区内山地、丘陵面积占 95％以上，大片的耕地少，分散的坡度 15°以上坡耕地、梯田多，且土层浅薄，产量较低，导致耕地生产能力较低，土地承载力较弱①。一旦发生自然灾害，村民的口粮都面临问题。在四省(市)调研中，很多村民较坦然地说，"这样的环境，必然经常遭灾，我们不穷都不行"，各地均反映生态脆弱加大了自然灾害的可能，从而严重制约了扶贫开发的进程。

由此看来，武陵山区的困难社区基本位于生态和环境脆弱性强的地方，这些地方发生自然灾害的可能性大。因此，困难社区的自然灾害发生频率较高。自然灾害一旦发生，一般会导致农作物欠收、绝收现象，贫困加深的可能性增强。

2. 可行能力和现实的视角

困难社区的脆弱性也表现为其改变现状的可行能力不足。从现实的视角看，自然灾害具有发生前、发生中、发生后三个阶段，就困难社区在不同阶段的可行能力来看，其都表现出可行能力不足的问题：在自然灾害发生前，困难社区防灾的可行能力差；在自然灾害发生时，困难社区减灾的可行能力弱；在自然灾害发生后，困难社区重建的可行能力低。由此也更易使困难社区雪上加霜，贫困程度变得越来越深。

自然灾害发生前，困难社区内在具有的防灾可行能力差，主要表现为金融资本短缺、物质资本不足、人力资本匮乏、社会资本薄弱、避灾知识缺乏、灾害信息不畅、村级组织不力等。以下将重点从金融资本短缺、物质资本不足、人力资本匮乏、社会资本薄弱等方面进行分析。

第一，金融资本短缺，物质资本不足。武陵山区—困难社区的农业结构失衡，农作物单一且产量低、效益差。调查显示，149 个样本村庄中，春季种植作物的类型主要是水稻和玉米，115 个村庄共种植水稻68 586亩，占作物种植总面积的 40.4%，种植玉米 82 073 亩，占作物种植总面积的 48.4%。两种作物的种植面积约占种植总面积的 88.8%。另据访谈座谈显示，该地区虽然种植的农作物类型较多，但是作为经济收入来源的只有两种左右，而且以传统的粮食作物为主，产量低、效益差，经济作物较少。此外，在 149 个样本村庄中，有将近一半的村庄只能种植一季作物，在 82 个可以种植两季作物的村庄中，秋季作物主要只有小麦、土豆、红薯三种。调查显示，这些作物往往是"望天收"，产量低，而且基本是自给自足，很少有商品交易。除了粮食作物品种单一

---

① 权方:《破解武陵山民族地区贫困的思考》,《中共贵州省委党校学报》,2008 年第 6 期,第 95 页。

外，经济作物也呈现出品种单一的状况，而且种植面积很小。由此可见，武陵山区—困难社区的经济结构单一，遭灾的风险较大；物资基础薄弱，防灾的可行能力差。第二，人力资本匮乏，社会资本薄弱。一方面，教育程度普遍偏低。调查显示，村民接受教育的程度整体不高，92.2％的被访者只接受过初中及其以下的教育。其中，大专及其以上的只有7人，仅占总人数的1.0％，高中及其以上的仅有47人，只占总人数的6.8％，初中有197人，占总人数的28.6％，小学及其以下的有328人，占总人数的47.5％，另外还有118人未受过教育，占总人数的17.2％。调查表明，村民文化知识少，也制约了接受科技知识的能力，是导致避灾能力缺乏的主要原因。同时，村民思想观念整体落后，普遍没有创新进取精神，安于现状。思想贫困，必将影响可行能力。另一方面，社会网络相对狭窄。调查显示，在村民对遇到困难时会求助于哪些对象的回答中，就重要性由高到低依次排序分别是亲属为69.0％、邻居为40.5％、家族为33.8％、朋友为33.7％、政府为25.2％，政府在农户日常生活中发挥的作用还是非常有限的，农户更愿意求助于低层次的、低水平的人情关系网，村民在更高层次上的社会交往仍然不够，垂直的链接型社会资本明显缺乏。由此可见，武陵山区—困难社区村民的文化程度不高，人力资本匮乏；社会资本单薄，防灾的可行能力差。

自然灾害发生时，困难社区内在具有的减灾可行能力弱，主要表现为房屋质量差、经济基础薄、应急能力低、组织能力弱等。以下将重点从房屋质量差、经济基础薄等方面分析。

第一，住房年代久远、构造简单，一旦发生地震、风灾、雪灾等灾害，作为其最重要资产的房屋将受到巨大损坏，抵御灾害的能力较差。从住房结构看，该地区视为身份象征或者作为生存基础的最重要物资的住房显得较为落后：一是修建年代普遍久远。家庭住房总体上比较古老和传统。调查显示，住房修建年份集中在20世纪80年代左右，50％的家庭住房修建于1982年以前，多数房屋的建造时间在几十年以上，最古老的住房已有200多年的历史。二是建造结构多为土木。统计显示，被访农户中有68.9％的家庭住房为土木结构，砖混结构的比例不超过30％，屋内四面透风，人群走过房屋还摇摇晃晃。由此可见，武陵山区—困难社区的房屋质量差，避灾能力弱。第二，由经济结构单一引发的收入来源不稳，应急能力较为脆弱。统计分析发现，没有家人在外地打工的农户年平均总收入与年支出的差额不到300元，即农户年收入与年支出基本平衡，盈余不足 300 元。由此看来，没有家人在外地打工的农户应对突发事件的能力是非常脆弱的。另外，总体上有家人在外地打工的农户经济状况稍好于没有家人在外地打工的农户，但是通过访谈了解到，受文化素质和身体状况的影响，在外打工的村民也多是从事低端苦力劳动，风险性大、稳定性差，经常处于无业状态。因此，即使是有家人在外地打工的农户，其应对自然灾害等各种突发事件的能力也是很脆弱的。由此可见，武陵山区—困难社区的经济基础差，减灾的可行能力弱。

自然灾害发生后，困难社区内在具有的重建可行能力低，主要表现为可用资金物资少、外界援助进入难、原有基础破坏重、恢复重建难度大、产业恢复时间长等。以下将重点从可用资金物资少、外界援助进入难等方面分析。

第一，经济基础差，灾害发生后可用资金物资少。一是困难社区人均收入低。调查统计显示，调查的 8 个样本县中，2009 年农民人均纯收入最高的重庆市秀山县也只有 3 447 元，最低的贵州省印江县仅 2 610 元，其余介于之间的分别为湖北省宣恩县 2 804 元、湖北省咸丰县 2 806 元、贵州省思南县 2 839 元、湖南省泸溪县 2 855 元、湖南省凤凰县 3 145 元，均远远低于全国 5 153 元的平均水平。二是困难社区农户的年消费支出总量较大，结余甚少。该地区农户的收入虽然不高，但是支出却很大。该地区平均每个农户 2010 年生产收支结余为 2 770.7 元，但这对于需要平均维持近 5 个人生计的家庭来讲，显得非常艰难。与之相关联的是，农户借款现象较为普遍。调查显示，一半以上的农户家庭有借款，最高借款量达 130 000 元。由此可见，武陵山区—困难社区的经济基础较差，一旦发生灾害，可用的资金物资较少，困难社区重建的可行能力不足，重建的难度较大。第二，基础设施差，灾害发生后外界援助进入难。一是公路通达、通畅的水平较低。武陵山区—困难社区基本没有实现公路通组甚至通达大多数农户。调查显示，每个村庄平均有 2 个村民小组没有通公路，其中，有一个村竟然有 18 个村民小组没有通公路；每个村平均有 78 户没有通公路，其中，有一个村竟然有 3 616 户没有通公路，可见该地区公路畅通情况不理想。二是通电、通讯等生活服务设施建设水平较低。在通电方面，调查显示，虽然样本村电网的农户覆盖率接近 100%，但据实地访谈了解到，贫困村的用电保障性差，因自然灾害或人为因素时常断电，而且电价将近高出普通电价的一倍。在电话拥有量方面，平均每个村拥有固定电话 50 部，占村庄总户数的 12.3%；移动电话 200 部，占村庄总人数的 12.5%；电话的拥有率低，信号差，而且时有中断。由此可见，武陵山区一困难社区的基础设施较差，一旦发生自然灾害，其会受重创，将很难与外界取得联系，外界援助也很难进入现场，困难社区重建的可行能力不足，重建的难度较大。

3. 贫困和未来的视角

困难社区所处的武陵山区具有的自然生态脆弱性，增加了困难社区自然灾害发生的可能性。一旦自然灾害光顾武陵山区的困难社区，就会进一步加大困难社区的脆弱性、降低贫困村的可行能力。如果不对发生灾害的困难社区进行及时补救、恢复重建，并进行有效的灾害风险管理，这些发生灾害后的困难社区将会进一步加深困难程度，其更大的脆弱性和更低的可行能力，又会招致灾害的再次光顾，如此循环往复，困难社区将变得更加贫困。调研中，我们发现，灾害不仅加深了困难社区的贫困，而且使上次受灾后已经开始脱贫的村民再次返贫。访谈中，我们可以感受到，灾害是"小地域性"因素的产物，容易导致灾后困难社区再次返贫。已有的经验表明：在上一轮灾害后逐步脱贫的村民，由于缺乏有效的灾害风险管理援助和自助，从而形成因灾返贫。因此，从未来的视角看，缺失灾害风险管理的灾后困难社区会更脆弱，更易遭致灾害，加重贫困。以下的实例将能充分印证这一判断。

虽然武陵山区的困难社区经常遭受自然灾害的袭击，但是也有部分村民在两次严重自然灾害的间隙中逐渐恢复而趋向脱贫。遗憾的是，由于缺乏有效的灾害风险管理援助和自助机制和措施，他们很容易再次遭遇自然灾害的袭击，有时会使这些村民生活难以为继，返贫现象突出。例如，2010—2011 年度，重庆市酉阳县因受灾致使冬春生活需要救助的人口达 129 873 人，占农业总人口的 18.7%。其中，需要口粮救助的人数 107 632 人，需要饮水救助的人数 12 680 人，需要衣被救助的人数 3 465 人，需要取暖救助的人数 4 682 人，需要医疗救助的人数 1 414 人。由此可见，因灾导致口粮都成问题的村民达到受灾人数的 82.9%，受灾严重。而更让人预想不到的是，一半左右的受灾村民是在上次自然灾害后逐步走出贫困过程中再次受灾而导致的生活难以为继。在对此类情况的 9 户受灾家庭进行入户调查后发现，有 8 户家庭的粮食作物均减产，最多的减产 33%，最少的减产 8%，仅 1 户粮食产量与去年持平，

169

而这户在 2010 年已经因为灾害而大量减产了。在 9 户家庭中，因灾害影响，均缺少口粮，口粮最多的也只能维持 220 天，最少的只能维持 120 天，返贫严重(见表 1)。

表 1　灾后渐趋脱贫的村民再次遇灾后的返贫情况

单位名称	户主姓名	家庭人口(人)	2009 年收成(千克)			2010 年收成(千克)			同比减产(%)	口粮维持天数
			水稻	玉米	甘薯	水稻	玉米	甘薯		
黑水镇平地坝村	潭××	4	300	250	0	250	200	0	8%	220
黑水镇平地坝村	郭××	5	300	250	0	300	200	0	9%	190
黑水镇平地坝村	郭××	5	350	250	0	350	250	0	0%	190
毛坝乡天苍村	李××	4	200	300	350	200	200	350	11%	120
毛坝乡细沙河村	曾××	6	400	400	600	350	350	550	10%	150
毛坝乡细沙河村	杨××	4	250	250	500	250	250	450	5%	120
丁市镇汇家村	黎××	3	250	350	150	250	250	100	27%	220
丁市镇金山村	冉××	2	0	300	0	0	400	0	33%	210
丁市镇三溪口村	冉××	4	300	300	250	200	250	200	24%	210

从以上的分析可以看出，困难社区在受到自然灾害后的未来发展需要受到特别关注，加强灾害风险管理十分必要。因为它蕴含着这样的逻辑：如果灾后困难社区的灾害风险管理缺失，即使进行及时的表面恢复，其难免产生更大的脆弱性和更低的可行能力，也可能再次遭遇灾害，如此循环往复，困难社区将变得更加贫困。

三、理论预设—经验研究的基本判断

自然灾害与困难社区结合后，贫困问题会变得更加复杂。如果以困难社区作为研究灾害风险对社区贫困影响的特殊场域，我们会发现：从脆弱性和历史的视角看，困难社区具有与生俱来的脆弱性，更易引发灾害；从可行能力和现实的视角看，困难社区在灾害发生的前、中、后三个阶段中都表现出可行能力不足的趋向，更易加深贫困；从贫困和未来的视角看，缺失灾害风险管理的灾后困难社区会更脆弱，终将更加贫困。综上所述，与一般社区相比，灾害发生导致的风险，对困难社区和困难人群的影响更大。透过武陵山区集中连片特殊困难社区内灾害对贫困影响的分析，可以得出以下基本判断：

第一，灾害—风险、脆弱性、可行能力与贫困具有强烈的要素互构性。在集中连片特殊困难社区，这种互构性体现得更为充分。第二，自然灾害对集中连片特殊困难社区的影响具有广泛性和深度性。集中连片特殊困难社区具有先天的生态脆弱性、防灾减灾能力薄弱性。反过来看，正是因为困难社区的脆弱性和可行能力不足性，才更容易招致自然灾害。而这些自然灾害一旦发生，就有较大的破坏性。第三，遭受自然灾害的可能与贫困的发生在集中连片特殊困难社区具有很高的重合性。由于困难社区的生态脆弱性更高，因此更容易受到自然灾害的侵袭；反过来看，灾害高发社区往往不可能很富裕，他们常常是自然环境恶劣的困难社区。从集中连片特殊困难社区的灾害与贫困的关联分析中可以判断，在困难地区，灾害风险与贫困具有更高的一致性。第四，灾害—风险、脆弱性、可行能力、贫困等要素之间在集中连片特殊困难社区具有相对的继替性和潜在的循环性。一方面，当自然灾害发生在困难社区时，其必然引发困难社区的脆弱性增强，导致困难社区减灾的可行能力减弱、重建的可行能力下降，当没有外力强度介入支援的情况下，继而就会出现困难社区更加贫困。另一方面，如果将"自然灾害—脆弱性强、可行能力低—贫困"作为一个闭合线路的话，当一轮灾害发生后，如果不采取有效的防灾减灾和风险管理措施，则很容易发现，已经遭灾致贫的社区会引发新一轮的自然灾害，从而又导致其脆弱性继续增强、可行能力继续减弱，贫困则继续加深，如此循环往复。第五，集中连片特殊困难社区出现的灾害与贫困的继替和循环，很大程度上是由于缺乏有效的灾害风险管理所致，这也显示出加强集中连片特殊困难社区灾害风险管理的重要性和必要性。在路径选择上，除了要加强对集中连片特殊困难社区的气象预测、灾害预警，增强避灾农技、推广避灾农业外，最根本的就是要进一步推进新农村社区建设，增强困难社区和困难人群的可行能力，降低其脆弱性。

参考文献

[1] 郑杭生，杨敏. 社会互构论：世界眼光下的中国特色社会学理论的新探索——当代中国"个人与社会关系研究"[M]. 北京：中国人民大学出版社，2010.

[2] 黄承伟，陆汉文. 汶川地震灾后贫困村重建：进程与挑战

[M]. 北京：社会科学文献出版社，2011.

　[3] 冯伭光. 地缘经济区视角下的行政区边缘山地经济协同发展——以渝黔湘鄂结合部的武陵山区为例[J]. 山地学报，2009(2).

　[4] 白晋湘. 山寨经济发展研究——以武陵山区为例[M]. 北京：民族出版社，2006.

　[5] 权方. 破解武陵山民族地区贫困的思考[J]. 中共贵州省委党校学报，2008(6).

　[6] [德]乌尔里希·贝克. 风险社会[M]. 何博闻，译. 南京：译林出版社，2004(7).

　[7] [印]阿马蒂亚·森. 以自由看待发展[M]. 任赜、于真，译. 北京：中国人民大学出版社，2002.

灾害风险管理的范式转换：以减贫视角看待减灾[*]

吕　方

【摘　要】　20世纪末，灾害风险管理研究领域中，出现了一次明晰的范式转换。早期灾害被视为纯粹自然力的作用，因而灾害风险管理中更多地强调国家的救灾责任。随着科学技术的发展，科学主义范式，在灾害风险管理领域占据了绝对主导性的地位。而新近研究发现，灾害风险与贫困人口、贫困社区的脆弱性存在着高度的相关性。因而，降低贫困地区、贫困人口的脆弱性就成为灾害风险管理的重要路径之一。在此背景下，理论界提出了以社区为中心的减灾方案，即在社区层面综合治理，将贫困社区的灾害风险管理与可持续发展能力建设结合起来。这一理论范式转换，无疑对我国新阶段灾害多发的集中连片特殊类型困难地区扶贫开发工作具有重要的启示意义。

【关键词】　灾害风险管理　范式转换　脆弱性　减贫

著名文学家叶舒宪先生2008年在四川大学作报告时，曾经提出过这样一个观点，即"灾害与救世"是世界上几乎所有文明的母题之一。这种观点不无启发，就直观意义而言，有两层意思，一方面，人类社会的演进几乎无时无刻不伴随着灾害的侵扰，这种记忆在很多文明的原点时代就已经很明晰；另一方面，关于灾害的认识决定了对于灾害风险的

＊　本研究得到国家博士后科学基金项目"整村推进政策在特殊类型贫困地区实践绩效评估及其政策建议"（项目号：20100480918）和中央高校基本科研业务经费项目"特殊类型困难地区避灾农业产业发展的政策支持体系研究"（项目号：120002040317）的资助。

吕方，华中师范大学社会发展与社会政策研究中心讲师。

"管理"策略①。在人类历史很长一段时期内，灾害属于"上天的意志"、"上帝的行动"、"没有人可以对此负责的事件"②，但这并不意味着灾害风险管理的实践不存在。例如，中国早在战国时期就已经尝试通过水利工程的建设来保护农业生产免受旱涝频仍的侵害；同时，在国家层面，建立了较为完备的荒政体系，实践国家的救灾责任；在社会层面，通过家族、地缘等联系，强化灾害应对能力、提供灾害救济。而在西方社会，国家救灾与教会救助在很长时期内都发挥了积极的作用。

一、灾害风险管理研究的科学主义视角

"范式"一词，来自科学哲学家库恩，用于表述一定的社会科学研究者共同持有的价值体系、概念工具和解释路径。早期对于灾害风险管理的系统研究中，占据支配性地位的是科学主义的视角。科学主义视角是现代认识论的一种，主张以自然科学技术作为整个哲学的基础，并确信它能够解决一切问题。

在自然科学领域中，灾害研究主要是探索哪些因素导致了灾害，进而影响人类社会的生存。从分类学的角度③，这些致灾因子被划分为外界因素和人为因素。前者包括水、旱、冰雹、泥石流、台风、地震、海啸等，后者由人的活动所导致的，比如，动乱、战争、核事故等④。除

---

① 可能会引起争议的是，这里将"神明救世"，也看作是一种灾害风险管理的策略。或许，英国人类学家伊凡斯·普利查德(E. E. Evans-Pritchard, 1937)关于中北非洲阿赞德人(Azande)"巫术指控"的研究能够解释这一点。一次意外的谷仓倒塌，压死了部落的一个人，这件再简单不过的事情，阿赞德人却坚信是巫术作怪。进一步的研究中，普利查德发现，"巫术指控"实则指向了具体的社会关系结构，包括姻亲、敌人和边缘人等。"巫术指控"成立的话，接下来要做的事情就很明确了。这种明确的指向，疏解了人们因"突发事件"带来的恐惧和无所适从，有效地维护了团结，在对"施巫术者"的惩戒中，集体意识得以维护，并且还能有一些经济上的直接利益。就此而言，"神明救世"的观念，就具有了灾害风险管理的意义。灾害事件的发生，是对正常社会秩序的扰乱，其影响往往非人力所能掌控，对于灾害原因需要一个具体的解释，以此来保持一种对未来生活"该怎么做"的确切认识和期望。与此相类似，虽然自春秋时代中国就已经有了名副其实的灾害风险管理——"荒政"，但董仲舒的"天人感应图示"依然影响深远，一旦灾害发生，帝王就需要祭天、罪己乃至下野，从而捍卫传统社会的共有观念和既有社会秩序。

② 李永祥：《灾害的人类学研究述评》，《民族研究》，2010 年第 3 期。

③ EL-Sabh M. I. and T. S. Murty. (edit), *Natural and Man made Hazards*. D. Reidel Publishing Company, Do rdrecht, Holland, 1988.

④ 这里面，虽然已经开始关注人为因素导致的灾害，但这些人为因素的甄别主要是从"巨观"层面的，即属于一种结构性、甚至是超结构性的因素。

此之外，也存在其他的分类方式，如根据致灾因子产生的环境，区分为大气圈、水圈所产生的致灾因子——台风、暴雨、风暴潮、海啸、洪水等；岩石圈所产生的致灾因子——地震、火山、滑坡、崩塌、泥石流等；以及生物圈所产生的致灾因子——病害、虫害等①。这些研究分享着一个共同的初衷，通过对致灾因子的产生原理的认识、发生概率及其运行规律的掌握，就可以开展有针对性的灾害风险管理。近年来，随着大气研究的发展、卫星技术、遥感模拟技术、雷达技术、计算机技术等方面的成果应用于灾害的科学研究领域中，关于灾害的认识不断更新和前进。显而易见的是，这种思维是单向度的，其问题意识及其解答均是在科学主义的范畴之内，认为人类社会能够通过对这些自然现象的认识，掌握其规律，通过科学发展来解决这些问题（即使解决方案可能会带来新的问题，那么一定会有新的、更完美的解决方案出现）。20 世纪90 年代初，单纯的致灾因子研究已经面临很大的困难，研究者发现灾害风险管理研究不能脱离地域、区域甚至更大的时空来理解致灾因子，遂着手开展关于体系化环境的研究。

20 世纪末以来，大量研究表明，全球变暖（global warming）的问题对灾害发生机理具有重要的影响。科学家在测算全球气温平均值变动的历史过程中发现，全球最暖的 10 个年份都发生在 1990 年以后，且呈现出上升趋势。全球变暖及相应的气候变化、地表覆盖变化，直接导致灾害进入一个频发的时期。全球变暖对世界上很多地区的灾害产生着重要的作用。虽然还没有人确切地知道全球气候变暖将会带来的所有影响，但"即使做最保守的估计，预测的结果也会很让人吃惊。一些森林会因新的不能生长的条件不断加剧消亡。部分城市会经历日益严峻的饮用水短缺和热浪袭击。温度升高和降雨量模式改变则会增加疾病的发生率，因为新的条件更适宜蚊子、蜱、老鼠、细菌和病毒的繁殖。破坏性的暴风雨发生的频率会增加，大面积的低地沿海地区（世界上有大量人口居住于此）在暴风潮期间会遭受严重的洪水威胁，甚至被洪水淹没。不难想象，届时将会出现整个国家都被洪水冲垮的局面，例如低洼的太平洋岛国图瓦卢和基里巴斯"②。

---

① 史培军：《再论灾害研究的理论与实践》，《自然灾害学报》，1996 年第 4 期。

② Charles Bullard，*Study Seeks Cut in Carbon Dioxide*，Des Moines Register，April 28，1997，pp. 1，p5.

到目前为止，还很难全面把握全球气候变化的内在机理，但其关于一定区域受环境因素和气候变化影响的研究已经有了很多的积累。这些研究集中于特定自然地貌类型和区域环境，并通过中长期尺度下，对气候环境变化与灾害发生关联性的认识来说明两者之间的联系，并在此基础上对相关经济部门作出适应性的调整。例如，美国目前最主要的玉米生产区爱荷华州，由于持续干旱的影响，将不得不转向小麦和耐寒玉米品种的种植，虽然这导致了单位产量的下降[①]。与此相应，致灾因子讨论的边界也放大到区域系统的内在关联性视角，探索"区域环境稳定性与自然灾害的时空分布规律；环境演变引起自然灾害的临界值域评定；特征时段(冷期与暖期，干期与湿期)自然灾害分布模式相似型重建，其实践的目的是为区域制定减灾规划提供依据"[②]。

必须承认，对灾害开展系统的科学研究，是有效管理灾害风险的重要基础。随着灾害的科学研究不断深入，人类社会的灾害应对能力也确实有所提升，不仅表现在大规模基础设施改造项目的建设上，也包括对某些类型灾害的控制和干预，例如，人工降雨、人工防止冰雹灾害等。然而，近年来的研究发现，灾害的产生，或者说关于致灾因子的研究，不能脱离人的活动来理解。换言之，灾害是被人为地生产出来的。灾害风险管理的理论范式已逐渐进入了关于人类活动的思考。

二、脆弱性分析与灾害风险管理的范式转换

时至今日，脆弱性分析是诸多应用研究中的经典方法，在金融、自然环境、计算机科学、市场体系等领域有着广泛的应用。然而，就脆弱性理论及其研究的发端来看，脆弱性正是来自灾害风险的社会科学研究。1983 年，蜚声国际的减灾专家弗里德利克·卡尼在其名著《Disasters and Development》一书中，提出了脆弱性的问题。卡尼的灵感，来自对两次震级相近、影响却大相径庭的地震的考察：1971 年，人口为 700 万人的美国加利福尼亚州圣弗朗多市遭遇到里氏 6.4 级地震，整个过程中有 58 人遇难；而两年之后，在尼加拉瓜共和国的首府马拉瓜发生了一次烈度还略小的 6.2 级地震，结果却造成 6 000 余人罹难。到底是何种原因导致了大致相同的灾害带来截然不同的后果，在这

---

① ［美］迈克尔·贝尔：《环境社会学的邀请》，北京大学出版社，2010 年版，第 10 页。
② 史培军：《再论灾害研究的理论与实践》，《自然灾害学报》，1999 年第 4 期。

种对灾害敏感性的追问过程中，卡尼阐发了他的脆弱性理论观点。卡尼的研究，迅速被国际救援组织所应用，以提高他们的救援效率，降低未来的救援需求①。政府间气候变化专门委员会(IPCC)很快就将脆弱性分析应用到气候变化研究领域中，并与 1990 年发布了第一份评估报告，对气候变化的脆弱性进行了初步表述，1996 年、2001 年和 2007 年的几次评估报告中，对气候变化的脆弱性有了更为完整的理解，并引起了世界范围的关注。

需要注意的是，脆弱性分析来自比较研究，意指不同群体"在一定风险或打击面前受损失的敏感性"②。它不是一套对于具体事件的解释，而更多的是一种基本的分析结构，在不同领域中有着广泛的应用，例如关于特定生态系统的脆弱性分析，特定人群的脆弱性分析等。该分析结构不仅关注导致灾害的外在因素，同时也考察群体抗御灾害的能力，以及从灾害中恢复的能力。其基本的解释方式可以概括为：Risk＝Hazard×Vulnerability③，即灾害风险的程度等于潜在的灾害因素与脆弱性的乘积。在此基础上，灾害风险管理就是通过降低脆弱性，增强目标群体的应灾能力和恢复能力，来达到减灾的目的。就此而言，脆弱性分析推动了灾害风险管理领域的第一次理论范式转换，即从关注作为外在变量的致灾因子转向对于总体构造的脆弱性分析。然而这一次的理论范式转换，又是比较有限度的，虽然关于人类活动对生态环境脆弱性的影响有所关注，但解释的着眼点依然是自然环境系统本身。

20 世纪末，关于脆弱性的社会科学研究汇聚成一股强劲的力量，再一次推动了灾害风险管理研究范式的转变。这次转变的一个重要表现是，关于脆弱性重叠的研究。就本意而言，脆弱性首先关注的是不同的群体，其社会科学意义是显而易见的。清华大学医学人类学家景军教授，曾经在对艾滋病问题的研究中提出了"泰坦尼克定律"，认为实际风

---

① Martha G. Roberts、杨国安：《可持续发展研究方法的国际进展——脆弱性分析方法与可持续生计方法比较》，《地理科学进展》，2003 年第 1 期。

② Ibid. Martha G. Roberts、杨国安：《可持续发展研究方法的国际进展——脆弱性分析方法与可持续生计方法比较》，《地理科学进展》，2003 年第 1 期。

③ Ben Wisner, *"Vulnerability" in Disaster Theory and Practice：From Soup to Taxonomy, then to Analysis and finally Tool*, International Work-Conference Disaster Studies of Wageningen University and Research Centre, June 29-30, 2001.

险和风险认识均表现出强烈的阶层差异。处于社会底层的群体，更容易受到风险的侵袭①。从人的活动与环境之间关联性的视角，灾害人类学的研究认为，"灾害的发生是环境脆弱性和人类群体脆弱性相结合的结果，即生态系统中潜在的破坏性因素与处在较为落后社会经济条件下的人口状况是其产生条件"②。贝克关于"风险社会"的讨论不无启发意义，现代社会的风险，更多的是人为风险，即风险被制度性地生产出来。很多灾害来源于人类的实践活动，在对自然界客体化的现代性思维方式下，自然是人类为满足自己欲望而不断强化索取的来源。虽然自然界长期以来作为无声者，但终有一天会开展大规模报复的，尤其是处于边缘地位的贫困群体，在灾害面前显得更为脆弱，并且这些贫困群体的活动，又在一定程度上加大了自然环境的脆弱性。

前文已述，在脆弱性分析诞生不久，在各个领域就开始广泛应用，如生态系统、气候变化、农业发展、贫困人口等，但这些研究被分割在各自的学科领地之内，很少出现交叉。而越来越多的研究发现，特定地域和特定人群往往被多种潜在风险所影响，并且由于人的活动，在一定人口、经济活动、社会生活、生态系统、自然环境之间的相互作用形成的结构中，脆弱性出现了互为因果的实践形态。在这个结构中，人作为最具能动性的因素，成为理解问题的关键，也成为寻求改善方案的基本着眼点。

三、灾害风险管理与减贫相结合的理论呼唤与实践路径

诚如尤德迈尼③博士所言，在 1980 年之后的 20 年间，贫困研究的范式和灾害风险管理研究的范式同时发生了转变。一方面，在很长一段时期内，灾害被视为自然力所致的、需要由政府和救灾机构应对的偶发事件，而很少考虑导致灾害的社会和经济因素。而随着对结构脆弱性分析和脆弱性产生机理的认识不断深化，灾害风险管理的关键点被聚焦在改善弱势人群、边缘群体生存境遇，从而使其能够以一种可持续生计的方式，在维持自身生存与发展的同时，为降低环境的脆弱性作出贡献。

---

① 景军：《泰坦尼克定律：中国艾滋病风险分析》，《社会学研究》，2006 年第 5 期。

② 李永祥：《灾害的人类学研究述评》，《民族研究》，2010 年第 3 期。

③ Suvit Yodmani, *Disaster Risk Management and Vulnerability Reduction：Protecting the Poor*, the Asia and Pacific Forum on Poverty：Reforming Policies and Institutions for Poverty Reduction held at the Asian Development Bank, Manila, February 5-9, 2001.

另一方面，贫困研究在早期主要从收入标准来衡量，但在对长期的实践反思的基础上，众多研究者和减贫实际工作者都发现，对于贫困问题的理解需要建立多元的衡量体系。收入标准，仅仅是贫困问题的表象，其实致贫原因是极为复杂的，需要建立多元的贫困观念。多元的贫困，就是要从政治、经济、文化、自然环境等多个角度来理解贫困现象。其中尤为突出的是众多贫困现象与灾害存在着紧密的关联。灾害既是导致贫困的重要因素之一，贫困人口的活动又导致了环境系统脆弱性的增加。因此，将灾害风险管理与减贫相结合的理论思考，迅速成为相关领域研究者和国际社会的共识。2005 年，国际减灾大会在日本召开，会议通过了《兵库宣言》。宣言"确认减灾、可持续发展以及消除贫困等事项之间的内在关系，并确认吸收一切利害关系方参与的重要意义，这些利害关系方有：政府、区域组织和国际组织以及金融机构、包括非政府组织和志愿人员在内的民间团体、私营部门和科学界"[①]。同一届大会上，通过了之后十年的减灾行动纲领，《2005—2015 年兵库行动纲领：加强国家和社区的抗灾能力》认为，"灾害损失不断增多，对个人特别是穷人的生存、尊严和生计以及来之不易的发展成果造成严重后果。"，"减少灾害风险的努力必须系统地纳入可持续发展和减贫政策、计划和方案，并通过双边、区域和国际合作，包括伙伴关系给予支持"[②]。

《兵库宣言》及《2005—2015 年兵库行动纲领：加强国家和社区的抗灾能力》的公布，标志着国际社会关于灾害风险管理与减贫实践相结合的理论自觉，同时也呼唤各国通过加强贫困人口抵御灾害能力和灾后恢复能力，捍卫人类的生存、尊严和生计。从实践层面，灾害风险管理与减贫相结合，有诸多可资借鉴的理论和经验。

首先，强化灾害应对、防灾减灾的国家能力。国家能力研究近年来常常出现在"发展型国家"的讨论中，而在灾害风险管理领域，并不多见。大致而言，国家能力包括国家的资源动员能力、组织领导能力和制度建设能力。有效地应对灾害和减少贫困，是国家责任的体现，而这一责任的实践则有赖于持续的能力建设。这种能力包括从国家战略规划层面肯定灾害风险管理与减贫的相关性，并制定相应的专项法规和制度，以推

---

① 联合国减灾大会：《兵库宣言》，日本兵库县，2005 年。

② 国际减灾大会：《2005—2015 年兵库行动纲领：加强国家和社区的抗灾能力》，日本兵库县，2005 年。

动可持续发展及贫困与灾害风险结合治理项目的实施，鼓励相关的科学研究和技术开发工作，在组织、管理、机构、资源等方面加大投入力度。

其次，加强防灾减灾与减贫力量的整合，开展多部门合作。灾害风险管理和减贫均是复杂的事务，但现代社会的行政管理和社会分工秩序，在资源、人力的投入方面实施专门化的管理。因而通过多部分合作机制的建立，实现整合资源，形成共同推动灾害风险管理和减贫事业的进步就成为重要的实践路径之一。近年来，非政府组织在灾害救援、防灾减灾、减贫方面的投入越来越多，并收到了很好的效果，因而形成一个开放的平台，整合积极力量是推动防灾减灾与减贫工作的重要路径之一。

最后，通过个体和社区的能力建设，减轻灾害的影响。个体和社区是与灾害风险短兵相接的结合面，同时也是脱贫解困的最终主体。通过对个体发展可持续生计能力的强化，有助于其摆脱贫困，并增强其应对灾害风险的能力，这同时也减少了贫困群体的不恰当经济活动对自然环境的影响。另外，在灾害风险管理方面，仅凭国家与个体的力量是难以实现的，还需要在社区教育、社区参与、社区内聚力提升等方面着力，提升社区灾害应急和灾害治理公共产品的供给能力。尊重、保护和转换地方性知识，使得社区和贫困群体的主体性得以体现。

四、中国新阶段扶贫开发与防灾减灾相结合的思考

中国的减贫事业取得了世界瞩目的成绩，在过去 25 年中，全世界贫困人口实际减少了 5 800 万人，其中，70% 的减贫成就来自中国[①]。中国成为最早提前实现联合国千年发展目标中减贫目标的发展中国家。按照国家统计局的测算，根据中国国家贫困线标准，1978 年中国农村居民贫困人口达 2.5 亿人，已减少至 2007 年的 1479 万人，贫困发生率由 1978 年的 30.70% 减少至 2007 年的 1.60%[②]。而即使根据国际绝对贫困线(指人均消费支出低于每人每日 1 美元)，1981 年中国高达 7.3 亿人，到 2005 年减少至 1.06 亿人，减少了 6.24 亿人，贫困发生率由 73.50% 减少至 2005 年的 8.10%[③]。然而，在取得重大减贫成就的同

---

① 《全球七成减贫成就来自中国》，2010 年 12 月 12 日《深圳商报》。
② 国家统计局：《中国统计摘要·2008》，第 103 页。
③ World Bank, *World Development Indicators*, The World Bank, 2007. p. 63.

时，新阶段的减贫任务依然艰巨。一个突出的难题就是贫困人口分布与生态脆弱区的分布呈现出高度的"地理耦合性"。据国家环保部 2005 年的统计，"全国 95％的绝对贫困人口生活在生态环境极度脆弱的老少边穷地区"①，这部分地区对气候变化更为敏感。可见，应对灾害对贫困人口的冲击将是未来扶贫开发工作的一项重要任务。

中国是世界上自然灾害最为严重的国家之一。伴随着全球气候变化以及中国经济快速发展和城市化进程不断加快，中国的资源、环境和生态压力加剧，自然灾害防范应对形势更加严峻复杂。我国高度重视防灾减灾工作，20 世纪 80 年代以来，我国通过国家立法的手段，颁布了 30 多部防灾减灾或与防灾减灾密切相关的法律、法规，推动了防灾减灾工作进入法制化的轨道。1994 年 3 月，中国政府颁布《中国 21 世纪议程》，从国家层面明确了减灾与生态环境保护的关系，把提高对自然灾害的管理水平、加强防灾减灾体系建设以及减少人为因素诱发和加重自然灾害作为议程的重要内容。21 世纪之初，在科学发展观的指引下，无论是国家发展战略，还是地方发展规划方面，都更加重视人与自然的和谐相处。在过去的 20 多年中，我国在减灾法制机制建设、综合减灾能力建设方面取得了显著的成就，初步形成了现代的灾害风险管理体系。进入新时期，生态脆弱区的防灾减灾任务不仅关系到这些地区的生命财产安全，更关系到整个国家的生态安全，成为国家防灾减灾工作的重要内容。而如上文所言，这些地区又是贫困人口分布十分密集的区域。通过对贫困人口灾害应对能力的提升，不仅直接维护了生存安全，同时也是可持续发展和生态保护的题中之意。

可见，新时期国家的扶贫开发和防灾减灾工作在实践中已经不能单独理解，生态脆弱地区生态保护、生态恢复任务与扶贫开发任务需要在实践环节结合起来开展。同时还应该认识到，世界范围内"以减贫看待减灾"的灾害风险管理范式转换，以及减贫与减灾相结合的行动呼唤，还需要置于中国贫困地区、生态脆弱地区的具体语境中，理解这些地区以及当地人口的特殊性，进而形成契合中国问题特性的实践道路。本研究尚无法对此问题作全面的回答，但初拟一些思路，以求取得抛砖引玉的效果。

---

① 许吟隆、居辉主编：《气候变化与贫困——中国案例研究》，绿色和平、乐施会研究报告（未注明编印时间），第 5 页。

首先，应树立扶贫开发与防灾减灾工作结合的战略意识。必须承认，在应对生态脆弱性与贫困问题"地理耦合"背景下的复杂现实方面，我们还没有特别成熟的经验模式。在既往的扶贫开发和防灾减灾工作中，更多是各自为政地展开。扶贫开发工作侧重于贫困人口收入的增长，防灾减灾工作侧重于生态环境的保持和恢复，虽然有一定程度的合作，但总体而言两者交叉的内容并不多。而新阶段贫困现象与生态脆弱地区的"地理耦合"特征，迫切需要在扶贫开发和防灾减灾两方面梳理结合思考的战略意识，开展综合性的治理，通过发展贫困人口的可持续生计，实现经济效益、社会效益、生态效益的共赢局面。

其次，纠正既往发展主义的模式。在发展主义的模式下，地方事务围绕着 GDP 这个中心，而生态价值、文化价值、社会价值则往往处于边缘的位置。20 世纪 90 年代以来，我国经历了对发展主义思维的深刻反思，提出了科学发展观，寻求包容性增长。然而，在贫困地区，无论是地方政府还是贫困人口，都存在着告别贫困的急迫心理，同时在结构性产业转移的背景下，容易陷入发展主义思维的窠臼，回到以牺牲生态环境换取经济增长的老路。因此，从区域发展规划的层面，就应该避免这种短时的发展主义思维。

再次，倡导差异化的政策支持原则。贫困与生态脆弱耦合地区，多为少数民族聚居地区，其自然地理条件的复杂性与经济社会文化的多元性并存。因而，不能以"一刀切"的政策思维来谋划地区的发展。差异化的政策支持，内涵在于基于本土资源、挖掘本土潜能、整合本土资源，寻找适合当地特性的发展道路，并予以政策和资源上的扶持。

最后，体现少数民族地区、贫困人口、社区、生态环境的主体性。一定程度上，在既往的发展道路中，少数民族地区、贫困人口、贫困社区、包括生态环境，都处于一种被治理者的位置，属于发展中的"无声者"。我们面临的很多问题，也正是由于将这些主体客体化的后果。然而，在新阶段扶贫开发与防灾减灾工作中，正是围绕着这些传统上处于边缘位置、客体位置的群体展开的。因此，少数民族的传统知识、贫困人口、社区以及生态环境本身如何参与到发展的过程中，在贡献其力量的同时，收获哪些应得的利益，是必须认真考量的问题。

参考文献

[1] 史培军. 再论灾害研究的理论与实践[J]. 自然灾害学报，

1996(4).

[2] 景军. 泰坦尼克定律：中国艾滋病风险分析[J]. 社会学研究，2006(5).

[3] 叶舒宪. 文学中的灾难与救世[J]. 紫光阁，2008(9).

[4] 李永祥. 灾害的人类学研究述评[J]. 民族研究，2010(3).

[5] 李永祥. 关于泥石流灾害的人类学研究——以云南哀牢山泥石流为个案[J]. 民族研究，2008(5).

[6] [美]迈克尔·贝尔. 环境社会学的邀请[M]. 北京：北京大学出版社，2010.

[7] Martha G. Roberts，杨国安. 可持续发展研究方法的国际进展——脆弱性分析方法与可持续生计方法比较[J]. 地理科学进展，2003(1).

[8] Ben Wisner. "Vulnerability" in disaster theory and practice: from soup to taxonomy, then to analysis and finally tool [R]. International Work-Conference Disaster Studies of Wageningen University and Research Centre, June 29-30, 2001.

[9] David Alexander. Disaster management: from theory to implementation[J]. JSEE: Spring and Summer. 2007, 1(9).

[10] Kasperson, J. X and R. E. Kasperson. Global environmental risk[M]. 2011ed. New York: United Nations University Press, 2011.

[11] Evans Pritchard, E. E. Witchcraft, oracles and magic among the Azande[M]. Oxford:The Clarendon Press,1937.

[12] EL-Sabh M. I. and T. S. Murty. Natural and man made hazards[M]. D. Reidel Publishing Company, Do rdrecht, Holland, 1988.

[13] Suvit Yodmani. Disaster risk management and vulnerability reduction: protecting the Poor [R]. the Asia and Pacific Forum on Poverty: Reforming Policies and Institutions for Poverty Reduction held at the Asian Development Bank, Manila, February 5-9, 2001.

地震灾区贫困村民住房重建的非常规行动

——以四川马口村为例

陈文超*

【摘　要】　在灾后重建过程中，政策动员、社会动员及制度安排建构了重建行动的合法性，形塑了重建场域，并且在社会资本运作和支撑的条件下，重建主体生成了一种非常规的重建家园行动，全力投入到住房重建的项目中。地震灾区贫困村灾后重建也因此成为可能。然而在注重行动实践成效的同时，非常规行动的外部性也不得不成为进一步关注的焦点，特别是集体非常规行动下市场建材价格上扬及行动长效机制的缺失导致住房重建非常规的特性更加凸出，对构建持续与稳定的灾后重建秩序产生了重要的影响。

【关键词】　地震灾区　贫困村民　建房　非常规行动

一、非常规行动何以成为可能

据统计，"5·12"汶川大地震共导致1 700多万间农房倒塌和损毁，其中灾后重建规划区内农户住房倒塌267.3万间、畜禽圈舍倒塌92万间，涉及117.8万农户受灾①。在灾后重建过程中，住房重建也因此成为地震贫困村灾后恢复重建规划中的首要目标，在实践中更是成为灾后重建地区村民的主要社会行动。从社会行动取向的视角研究这种住房重建行动的逻辑，无论是以恰亚诺夫学派以及亚当·斯密和马恩小农学派对农民行动方式、行动技术与特性的界定为基础，还是根据舒尔茨小农

＊　陈文超，华中师范大学社会学院博士研究生。

①　国务院扶贫开发领导小组办公室、贫困村灾后恢复重建规划工作组：《汶川地震贫困村灾后恢复重建总体规划》，工作文件，2008年。

学派对农民行动发生和发展过程的表述进行理解①，无前景的借贷重建及建材市场价格疯涨下的贫困村农民竞相重建住房行动则明显是一种非逻辑性行为(non-logical actions)②。在个人与社会、行动与结构相互型构的具体过程中，地震灾害的强制性使得我们的实践意识有了明确的灾后重建规划。从日常生活实践出发，生存需求是最低层次的需求，也是最基本的需求形式③。住房倒塌了，便意味着生存需求发生了断裂。用村民自己的话来说，那就是连站的地方都没有了。所以，为了保障立锥之地，住房重建也因此成为地震灾区村民的必要及主要行动之一。从动力学的角度来看，生存需求的存在使得地震灾区村民重建住房行动具有相应的动力，而且也具备了一定的合理性。由此进行推论，地震灾区村民住房重建的非常行动不仅不会导致我们所概化的"非逻辑性行为"，而且恰恰是一种正常的理性选择。如果仅仅从这个角度对贫困村民的行动取向进行定性，我们不否认这是一种目的理性选择④。但是如果将地震灾区村民的能力因素和日常生活背景加入进来进行分析，我们则觉得事实却正好相反，甚至认为重建超过自身承受能力的楼房是一种不明智的行为。

对于此行动的释义，理性选择理论明显丧失了应有的话语功能。在西方理论视野下，反思这种悖论性的社会事实，它较为符合涂尔干和默顿所阐述的失范性行动(aberrant behaviors)以及韦伯与哈贝马斯所讲的非理性行动(irrational behaviors)，或者用现代社会学语言来说是一种与"常规和例行化行动"(routine action)及"惯习"(habitus)相对的非常规行动(non-routine action)⑤。但从实践过程中的功能作用来看，这种概化的非常规行动并非为社会中的"失范"。相反，正是在这种非常规行动的作用下，住房重建可谓是顶风而上，逆市场经济行为逻辑而行，使得我们的灾后重建项目得以顺利实现。因此，从某种程度上可以说，地震灾区灾后住房重建的具体实施之所以成为可能，其主要因素便是非常规行动的存在。从村民行动的单位进行分析，深入到特定的社会结构与情

---

① 黄宗智：《长江三角洲小农家庭与乡村发展》，中华书局，2000年版，第1～5页。

② Pareto. V., *Sociology Writings*, London：Pall Mall. 1966, pp. 215.

③ [美]马斯洛：《动机与人格》，华夏出版社，1987年版，第40页。

④ [德]马克斯·韦伯：《经济与社会》，商务印书馆，1998年版，第56页。

⑤ 张兆曙：《非常规性行动与社会变迁：一个社会学的新概念与新论题》，《社会学研究》，2008年第3期。

境中，我们可以发现，在个人与社会及行动与结构相互建构的过程中①，非常规行动恰恰弥补了常规行动或理性行动的缺陷与不足，构造和形塑了我们的日常生活系统。但在汶川地震灾后重建过程中，灾区贫困村民的非常规行动何以成为可能，怎样才能达到"帕累托最优"状态。反思之后，这种看似悖论的话题，往往又显示出明显的内在张力，激励着我们进行深入的探讨和分析，以期寻找非常规行动的生成土壤，构建新的行动规则体系与运作机制，进而增促社会进步，减缩社会代价。

本文旨在探讨非常规运动的生成机制，以加深对非常规行动何以成为可能的深入理解，进而构筑灾后重建过程中非常规行动的全景图画。为此，我们将坚持以"走向从实践出发的社会科学道路"为立足点和出发点②，通过对四川省马口村住房重建实践过程的考察与分析，重在描述和解析地震灾区贫困村重建过程中农民非常规行动的生成路径，达致对贫困村民灾后重建过程中住房重建非常规行动的"具象"性认知，从而建构灾后重建的新型动力机制，实现地震灾区贫困村的跳跃式发展，构建地震灾区贫困村的和谐与发展。

二、社会动员：建房非常规行动的合法性建构

在和谐社会的构建与发展过程中，灾后重建已成为一种从国家层面影响人们福利的社会行动。强势政党主导下的强势政府，自然以强大的社会动员能力主导着这场与扶贫开发相结合的全国性救援与重建项目。通俗地说，"不准饿死一人，不准冻死一人"因此成为这场运动的最底线，也是党和国家对社会风险控制的最低要求。对于地震灾区贫困村的村民来说，这类提升社会福利的话语始终把持在政策实施者的手里，他们能做的无非是看米下锅。如果没有米，也只能是"巧妇难为无米之炊"。从马口村的统计资料来看，地震导致返贫致贫的人口大大增加，全村贫困人口从地震前的 15 户增加到地震后的 87 户③，并且村民人均

---

① 郑杭生、杨敏：《社会学理论体系的构建与拓展——简析个人与社会的关系问题在社会学理论研究中的意义》，《社会学研究》，2004 年第 2 期。

② 黄宗智：《认识中国——走向从实践出发的社会科学》，《中国社会科学》，2005 年第 1 期。

③ 在地震和余震过程中，马口村砖瓦结构或者钢筋混凝土结构类型的房屋影响较小，至多是裂缝，属于维修加固类，而成为倒房和危房的房屋类型一般属于土木结构，住在这类房屋里的家户也一般属于贫困户。按照村民的话来说，如果有钱，早就修房了，没钱就只能住在土坯房里。

纯收入从震前的 2 450 元降到震后的 1 580 元，人均降低 870 元，人均粮食产量为 450①。因此，在收入来源有限和前景不明确的结构束缚下，处于经济困境中的村民即使有着再强的住房需求，也只能是空中楼阁，可望而不可及。所以，在特定的贫困时空领域内，要使得住房重建成为可能，就必须促进贫困的民众积极参与住房重建项目，通过社会动员等策略建构重建性的主流话语，从而构建住房重建的合法性。

历史的经验告诉我们，国家权威与权力的认同赋予和维持着政府较高的信任度。在灾后重建过程中，党和政府的社会动员也因此有着巨大的感召力。虽然不同于"误识"的社会现象②，但是地震灾区的贫困村民对那些施加在他们身上的力量，恰恰并不领会那是一种权力，反而认可为相应的恩惠。用马口村村民的话来说，既然政府都这么说了，那就肯定不会错的，只要跟着做就行了。事实也的确如此，为了更好地推动灾后重建工作的展开，从国家、省、市、县到乡镇以及村，各职能部门都在利用各种有效的形式进行宣传灾后重建的意义及相关政策。从实际的效果来看，这种做法无不增强了民众重建恢复的最大信心，最大限度地鼓动了民众的参与。

在马口村，每天早上的广播使得村民了解了党和政府在重建过程中实施的相关政策，政府官员及民间人士的到来更是使得村民熟悉了相关重建项目。虽然这种社会动员满足了贫困村民的重建利益需求，有效地激发了大家的重建热情，使大家更好地参与到重建家园过程中来，但是从政府社会政策的角度进行考虑，又并不完全在于此方面。如果从村民行动单位出发进行分析，那么这种社会动员则有着另外一番意义。根据需求层次理论，我们可以清楚地知道，当生存需求受到威胁时，其他层次的需求也就根本无法实现③。在具体操作过程中，个体的社会行动也只能倾向与生存有关的方面，其他根本无法顾及。从这个角度，我们可以发现，在当前的时空领域内，村民的主要目标也将集中在住房重建方面，特别对于那些倒房户和危房户而言，这显得更加紧迫，也可谓是迫在眉睫。简而言之，不需要一定的社会动员和宣传，村民自己便会着手

---

① 国务院扶贫开发领导小组办公室、贫困村灾后恢复重建规划工作组：《汶川地震贫困村灾后恢复重建总体规划》，工作文件，2008 年。

② ［法］布迪厄、华康德：《实践与反思——反思社会学理论导引》，中央编译出版社，1998 年版。

③ ［美］马斯洛：《动机与人格》，华夏出版社，1987 年版，第 60 页。

进行住房重建。可见，如此兴师动众的社会动员意义关键点也不在此，更多的也只能是给贫困村民的住房重建赋予了一定的合法性意义。从前面的分析中我们知道，在因震致贫和因震返贫的家户类型中，大部分已经归属为绝对性的贫困户，家中既没有积蓄，种地收入也只能顾着肚子不饿，而且随着年龄的增长，由于生物规律的作用，体力的衰退，外出打工收入也逐渐递减，甚至有可能断了这条来路①。如果家中有小孩在读书，那么这将让所在家庭长久难以摆脱经济压力的生存困境。所以，在考虑到贫困民众日常生活场景中确实社会资源的状态下，政策的社会动员所赋予的意义也就在于重建具有一定的合法性，特别是在经济困难的状态下的重建更是合乎社会与个人的要求，能够满足贫困村民的利益之需求。换句话说，住房重建非常规行动得到党和政府的提倡，是一种合法性行动，并非个体的一种不理性行为。对于那些生存受到剥夺的倒房户和危房户而言，这种权威魅力的作用即使不能脱贫致富，至少也是最后救命的稻草。

虽然不用"动之以情，晓之以理"的方式，但整个社会动员过程却赋予了这一合法性的建构。在马口村，"痛定思痛，不等不靠，积极抗震自救"的主导思想使得住房重建的合法性深深地镂刻在贫困民众的心里。特别对于那些难以进行重建的三类人员，如在外务工人员、痴聋傻哑、孤寡老人等，党和政府采取主动联系，与其一起分析政策，规划住房重建蓝图，争取最多人数的重建，争取村民最大限度的共享社会政策福利。对于可以重建的农户，积极鼓励进行重建，如在外打工的家庭，想尽一切办法进行联系，使其可以返回家乡进行重建，实在难以重建高标准住房的家庭，政策放宽到重建一间住房的标准，对于那些根本无能力重建的，如孤寡老人，则采取集中安置政策。在整个动员的过程中，思想工作是合法性建构的主要方式。除此之外，合法性的建构还须配合一定的物质保证与支撑，否则社会动员以及合法性的建构将会受到民众的质疑。在马口村，这种保障便是通过相应承诺，更多地是以后对重建成本的支付问题。村庄内的承诺主要是以采取发展当地经济的方式，如采

---

① 据马口村统计资料显示，全村有210户，767人，劳动力450人，常人在外务工者有250人，占劳动力总量的56%，务工的类型一般为挖煤、搞建筑等，人均耕地面积1.22亩，人均林地面积7.64亩。可见，在每户平均3.65人，且有2人为劳动力，其中有1人为了维持家庭的生计，常年在外务工。因此，马口村也可谓是典型的以务工为要经济来源的村庄。

取养殖猪仔等。在调查过程中，我们也发现有些农户则因为对这种合法性产生了怀疑，进而退出了住房重建的行列。从这个较为特殊的个案，我们能发现，在特定的贫困时空领域内，重建合法性的建构不仅仅是社会政策福利的宣传，更多的是一种基于村民重建心理合法性的建构。如果建构成功，村民对重建有信心，肯定能够积极参与重建项目中，也表明这种非常规行动可以付诸实践。反之，则将适得其反，更加约束了民众的行动，住房重建也只能是空中楼阁，可望而不可及。因此，为了确保合法性构建的成功度，政府在实施过程中也做了相应的制度性安排。

三、倒排工期：非常规行动的制度性安排

话语作为联系思维和行动的中介，它反映思维，也指导行动。当这种话语动员被权威和权力上升到制度层面时，它所拥有的力量就不仅仅是动员，而且是一种安排。按照自由主义大师哈耶克的话来讲，"在各种人际关系中，一系列具有明确目的制度的生成，是极其复杂但却又条理井然的。然而这既不是什么设计的结果，也不是发明的结果，而是产生于诸多未明确意识到其所作所为会有如此结果的人的行动"①。从制度层面来讲，这种安排也就相应的具备了一定的刚性，意味着如果按照安排进行行动，那么制度将满足个体的需求，社会秩序将井然有序，若不按照此种安排，那么权力的运用也必然剥夺行动者相应的权利。特别在"倒排工期"的安排下，这种制度的约束性也将更强。

在地震灾区重建问题上，重建已经成为举国上下的大事，是保证灾区村民共享社会发展成果的民生问题。从政府工作报告到各地区的重建规划中明确将灾后住房重建定位为重建首要目标。在 2009 年政府工作报告中的主要任务，明确要求基本完成因灾倒塌和严重损毁农房重建任务，保证受灾群众在今年底前住进新房②。在科层制管理模式下，基层政府的主导思想将更加明确，必须始终致力于上级下达的任务和指标，否则自身的前途将无法得到相应的保障。借助乡镇基层人员的话语，"重建与我们的奖励挂钩，没有按照期限完成，我们的奖励与升迁将受到影响，这是硬性的，有着各种杠杠放在那里。没办法，在具体的实施

---

① ［英］哈耶克：《自由秩序原理》，生活·读书·新知三联书店，1997 年版，第 67 页。

② 温家宝：《政府工作报告——2009 年 3 月 5 日在第十一届全国人民代表大会第二次会议上》，2009 年。

过程中，我们也只能利用补助标准来实现'倒排工期'的任务"。"对于那些想放弃这种补助的家户，我们会想尽办法进行动员，从思想上进行劝说，有的家庭，我们采取轮番作战，村小组长、村支书、乡镇政府工作人员轮流进行沟通。如果实在行不通，那么就采取强行办法"。从他们的话语中，我们也可以看出这种"倒排工期"在非常规行动中的作用和功能。由此可见，"倒排工期"的存在使得非常规行动成为一种可能。

在具体实践过程中，马口村的重建制度性安排可谓是细致到行动的每一步。制度安排规定，房屋重建不仅与受损情况相关，而且与农户中的人口数有一定的关系。在我们的调查中，村民反映上面的政策文件具体规定为，农户中3口及以下的每户补助1.6万元，农户中若有4到6口人的则补助1.9万元，6人以上的则补助2.3万元①。在这种制度安排下，社会结构相应成为一种行动的动力源，为倒房户和危房户"雪中送炭"，刺激着村民的社会行动神经。试想，重建住房在2万元左右的资助下，至少能保证自身的立锥之地，也意味着能满足最低层次的生存需求。然而社会事实并不如我们理想中那样美好，因为在权利和义务对等的情况下，获得了权利，就必须履行一定的义务，否则权利将被收回。同样，在接受重建补助款项的同时，也对住房重建行动有着相应要求，如履行制度要求，否则制度将无从体现刚性层面。在调查过程中，我们观察到重建补助款项并不是一次性地发放到村民手中的，而是分两次发放到重建户手中的，并且每次发放的金额也有所不同，其主要依据的标准是重建房屋工程的进展程度。当一农户被界定为重建户时，如果有重建住房的意愿，并不代表他可以领取国家住房重建的补助款，必须在重建房屋地基完全打好时，他才有资格领取相应80%的资金。如果这时资金不足，未能继续修建，那么剩下的20%的资金将没有办法获得。只有在已经修建好主体工程的时候，剩下资金才能完全领回。简而言之，在民生主导下有序解决与灾区村民生活生产密切相关的基本问题已成为制度安排的主要内容时，也只有当制度中的条件得以实现的时候，利益才能完全归属于民众。

从某种意义上说，"倒排工期"使得灾后重建在一定的时空内成为可能。试想，如果在"倒排工期"缺席的状态下，虽然能进行建房的户数也

---

① 与此安排类似，在马口村，维修加固户的补助标准也采取此种方式进行补助，现实之中存在着三种等级，1 200元、2 500元、4 000元等。

不在少数，无论是绝对贫困户还是相对贫困户，都具备着一定的能力进行此类社会行动。但没有了时间的限制，那么我们可以先攒足打地基的资金，当地基建造好后，即可向政府领取80％的国家补助款，这时再进行主体建造，这也是我们日常生活中的一种"习惯"了的思路，甚至成为一种惯习。这对于整体的重建来说，却是最大的弊端，毕竟我们面对的是较为贫困的地震灾区民众。因此，这也验证了这样的一个道理，在社会科学研究中，只有直接进入到某个情境中去观察情境中发生的行动，才能真正了解人们作出行动的意义①。所谓倒排工期，主要是指工程的进度按照结束日期进行计算。在灾后重建过程中，"倒排工期"成为各个地区重建政策中最为广泛的一种手段。在马口村，房屋重建工程也不例外，必须按照制度安排的进度完成，否则享有的补助也将化为泡影。用村民的话来说，上面规定必须这个时期完工，我们就必须赶在这之前进行。

在实践理论中，布迪厄将"场域"看作是一个网络，一个不断建构的结构。进一步说，他认为每一个"场域"都是一个独特的空间，一个独特的圈层，同样也是一个具有各自不同规则的游戏。在他看来，场域不是一个死的结构，不是空的场所，而是一个游戏空间，那些相信并追求其所能提供奖励的个体参加了这种游戏②。对于住房重建户的村民而言，制度安排下的"倒排工期"同样是一个特定场域中的博弈，只有遵循相应的规则，才能获取相应的利益。如果将此效应放大，我们可以看到，有据可依的"倒排工期"使得灾后重建成为可能。但在具体的实践过程中，"倒排工期"的制度安排并非是唯一的条件，如若脱离社会动员，那么这将成为无本之木，无源之水。甚至脱离了具体的社会支撑，更是空中楼阁，毕竟社会行动的决定权还在社会行动的主体手中。

四、东拼西凑：建房非常规行动的资本支持

制度安排可以促进地震灾区贫困村民产生住房重建的非常规行动，但这并不意味着有了制度的限制和约束就可以出现非常规行动。因为，

---

① 邓金：《解释性交往行动主义》，重庆大学出版社，2004年版，第91页。

② ［法］布迪厄、华康德：《实践与反思——反思社会学理论导引》，中央编译出版社，1998年版，第132页。

这毕竟还取决于村民自身的条件。特别是对于贫困地区而言，非常规行动的出现需要一定的物资条件进行支撑，不然即使制度刚性再强，社会动员能力无论如何运作，离现实还是差了一步，或者说是可望而不可及。归结一点，资本的支撑发挥着决定性的作用，如果资本足够，那么村民自然会进行住房的重建，否则仍然难以进行重建。在调查中，我们经常可以听到这样的表述，"砖厂的老板不会白给你砖呀，买东西还是要拿现钱的"。以此可以反映，市场的存在决定了流通必须依靠一定的货币符号进行，否则村民将难以购回住房重建所需要的建筑材料。因此，从重建成本来看，缺乏启动资金也就成为村民住房重建的重要"瓶颈"。

对于资本的支持首先来自政府主导下的低息贷款。从整体而言，低息的信用贷款是政府在灾后重建过程中对于灾区重建户最大的优惠政策。按照相应标准，一住房重建户可以贷款3万元，贷款用处也只能用在住房重建方面。从办理手续方面来说，这种低息贷款相对较为容易，只需到村委会开个介绍信，然后到乡镇政府履行相应的手续，最后去县储蓄所就可以办理。相对以前的贷款难度来说，政府主导下的低息贷款不仅利息低，而且手续更加简单和畅通。在我们调查过程中，村民也有着相似的反映。在利息方面，制度安排下的贷款利息为原来的一半，以前为1分8厘，现在则为5厘4，按照这种利息进行计算，一个季度3万元的贷款利息为648元①。

有了国家住房重建补助和低息贷款，对于地震灾区贫困村民来说，重建仍然缺乏启动资金。因为无论是政府补助还是信用贷款，都不能完全解决这种资本欠缺的问题。从一座房屋的造价来看，按照新农村的标准进行建造②，毛坯房的价格为10万元，那么国家补助即使有2万元，贷款3万元，总共也只有5万元，只占整个开销的一半，剩下5万元也就成为村民的困境。在马口村，在解决这一困境过程中，农户所处场域

---

① 但是政府主导下的贷款，并不代表不需要一定得抵押，在现实生活中，马口村民的贷款大部分以自己新建的房屋进行了抵押。这也就意味着，在一定的时间内还不起贷款，那么则必须以自家的房屋进行抵押还贷。

② 在《汶川地震贫困村灾后恢复重建总体规划》中规定灾后重建与扶贫开发相结合，是党中央、国务院的明确要求，是贫困地区群众的迫切需要，是我国经济社会发展的必然趋势。

则发生了重要的作用①。

对于房屋重建的经济计算，村民心里的账目比我们清楚，他们清楚地知道哪里需要花钱，哪里需要重点投资。在马口村，村民自身有着较为清晰的经济思路。对于他们来说，这种思路也主要来自互助的思想，靠着社会关系网络聚集充足的资源。对于中国社会中的个体来说，获取资源或资本的途径主要有地缘、业缘、血缘等关系交织着自身的社会网络②。

对于地震灾区的贫困村民来说，地缘与业缘并不能发挥一定的作用。因为同处一贫困地区，同样遭受着地震灾害的影响，你家房屋受损严重，自然他家房屋也不会较轻，也需要进行重建。从这个方面来讲，自然地缘的关系网络难以发挥一定作用。对于业缘来说，这种社会关系网络更是难以派上用场。试想，同为贫困村庄内的村民，以种植庄稼为生，这也就说明资本存量有限，相互之间难以"互惠"剩余的资源。即便是外出务工，与村庄外的人员建立了一定社会关系网络，但是由于现代社会流动性的加强，这种社会关系网络也具有风险性和不确定性，自然也很难从流动的社会关系网络中获取相应的资源。因此，从本土知识角度出发，最能获取相应资源和较大资源量的路径也只能是血缘关系。在马口村的调查过程中，这种资源的挪用大多也是通过血缘关系渠道。在初级群体里，血缘关系可以有着两条渠道，一条可以通过男性一方进行展开，如男方的兄弟姐妹等，另一条可以通过女性这层关系进行铺开，如妻子娘家或者姐姐妹妹等。在调查中，一位村民向我们说，"我这个房子大概现在已经花了 6.5 万元，向银行贷款 3 万元。我贷款比较早，是去年 7 月份贷的，开始的时候国家还没有这个政策，所以利息也很高，是 1 分 8 厘，年前光交利息就交了 1 630 元。现在国家出台了这项政策，利息也降低了，调整为 5 厘 4，少交了很多呀。剩下的钱是找我老婆的亲戚借的。她哥哥和妹妹那里情况稍微好些，地震得不算严重，所以找他们一个人借了 1 万"。通过这段话，我们可以清楚地看到，建房需要一定资本支撑，缺少这样的启动资金，也很难拿到制度安排方面的补助

①　按照布迪厄的观点，场域是指个人所处的时空位置，这种时空位置会给个体带来一定的资本。在这里，根据农村的特殊情况，我们采用农户的社会场域，主要是考虑到乡村社会中，家庭的组成是由男女两方面的关系组成的，男性与女性都具有一定的主体地位，这也就表明男性有着自身的资本，女性也有着相应的社会资本等。

②　翟学伟：《中国人行动的逻辑》，社会科学文献出版社，2002 年版，第 144 页。

款项，这样，重建可谓是难上加难，成为重建过程中的"马太效应"。因此，利用自身的社会资本进行借贷则成为一种较为有利而快捷的途径。

相对于贷款来说，这种东拼西凑的借款方式最大的一个好处是，不用交还一定的利息，而且在还贷的时间层面上，也不存在一定的担保及相应的时间限制。但这并不是说不用还贷了，如果产生这种不还贷的行为，那么将会产生较为恶劣的影响。换句话说，借钱的一方不需要在一定时间限制内将贷款还完，可以慢慢还。按照中国人的行动逻辑来说，可以是有钱就还，没钱可以拖着，等他需要用钱的时候，那就必须尽全力进行帮助。在马口村，有一位村民这样说，"亲戚就是亲戚，关键时刻就是能帮上忙。要还的，他们挣钱也不容易，也是一分一分攒起来的。这次他们那里受灾不严重，所以可以先借给我们一点，其实也借不了多少，本身他们也是穷人家呀。碍着亲戚的面子，而且我们家现在又这个样子了，只能是帮上一把，尽他们最大的力。所以呀，借的钱是一分都不能少还的，何况他们又不要利息。不然，以后就不好了，亲戚也有可能做不成了。而且这种不还钱的代价也就更大了，下次找谁借钱都难以借到。"

地震灾区非常规行动得以成为可能也正是有了这种行动的资本支持，否则也只能像我们上面所讲的"空中楼阁"，"巧妇难为无米之炊"。有了这种"东拼西凑"的资本支持，行动者才能较为稳妥的促成重建的非常规行动。但之所以还是称这种行动为非常规行动，是因为我们必须结合现实生活背景进行解释，利用拓展个案法，我们能发现，在全球金融危机的背景下，打工经济的萎缩，以及地区出口产业的紧缩，使得经济前景并不明朗，贫困地区的民众能主动地背负着一定的债务，自然需要很大的勇气和能耐。这也更加突出了非常规行动的非常规性，不按套路和常理出牌。

五、建房非常规行动的生成及实践成效

在政策动员、"倒排工期"及有效资本的作用下，地震灾区贫困村民住房重建的非常规行动才得以生成，从中也形成了一种有效的行动机制，无论是在类似马口村这样的国家重建规划试点村，还是在非规划村中，只要存在一定的政策动员策略，再加上有效的资本支持，三者之间的交集便是非常规行动可以成为可能的充要条件，也只有在达到这三者有效地均衡时，灾后重建也才能因此得以成为现实，具体情况如图1。

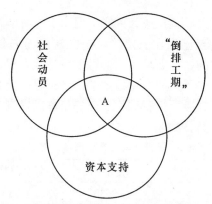

图 1　建房非常规行动生成机制①

在马口村，据统计资料显示，灾后重建过程中全村在外务工人员特别是有技术特长者共 253 人返乡，投身重建新家园。其中工程管理、钢筋工、电焊工、电工、硅工、木工、泥水匠等技术人才 52 人，成为马口村灾后恢复重建的"土专家"、"生力军"。在民房建设模式选择上，马口村针对全村 93 户需重建永久性房屋，采取了"统一规划，联户共建，统建统分"的方法。在实施时，采取了"五统一，三公开，一分户"的办法。"五统一"即统一规划和建房图样，统一平整场地，统一建材采购，统一组织施工，统一质量监督。"三公开"即公开灾后重建政策，公开灾后重建项目实施内容及程序，公开材料采购及财务资金使用管理情况。"一分户"即群众分户集资，统一交给理财小组用于灾后农房重建，理财小组将集资情况及资金使用情况向群众公示、公开。在重建的第一阶段，马口村 93 户需重建永久性房屋和集中安置点 28 套永久性农房的第一层主体工程已经完工，第二层正准备盖板上瓦，其余 65 户也正在积极平整地基、备料之中。117 户需维修加固房屋已完成 84 户。在我们进入马口村进行调查的时候，集中安置点的住房建设已经全部完工，并有许多农户已经搬进居住。从这样的场景来说，住房重建的非常规行动发挥了较大作用，产生了预期绩效。

在看到灾后重建过程中非常规行动成效的同时，我们也不得不考虑到这种非常规行动的不利因素。在调查过程中，我们明显地感受到这种

---

① A 代表非常规行动，它所处的位置为社会动员、制度安排以及资本支持的交集。这表明虽然社会动员力度及范围较广，但是由于制度安排及资本支持的力量有限，所以非常规行动的发生面也只能处在三者较为协调或者比较均衡的状态中。

非常规行动促成了灾后重建成为可能，但由于这种非常规行动已经形成一种社会事实，甚至已经在一定的时空内转化为一种重建性的集体行动。根据市场规律的内在要求，我们可以清楚地发现，供需之间仍存在许多内在矛盾，这些矛盾的激化导致了市场价格的上扬。对此，虽然国家采取了一定的行政手段进行调控，但仍然难以遏制利益的驱使。特别是对于建材价格，具体如表1。

表1 四川马口村建材市场价格 （单位：元）①

	单位	震前价格	震后价格	涨幅（%）
红砖	匹	0.38	0.58	52.6
钢筋	吨	105	165	57.1
水泥	吨	340	380	11.8
石子	车	180	360	100.0
红瓦	块	1.0	1.75	75.0
楼板	块	105	140	33.3
木材	立方米	600	800	33.3
大工	天	50	80	60.0
小工	天	30	50	66.7

修建房屋的成本随着市场建材价格上涨而不断飙升，相应加重了重建主体的负担。在政府补助未变的状态下，补助也只能填充价格上涨的空间。甚至对于那些一般维修户来说，补助难以平衡维修的费用。但是，从现实生活来看，即使在这样的市场经济环境中，仍然有不少村民在排队购买高价的修建房屋的材料。从某种程度上来说，这也更加强化了我们关于地震灾区重建过程中重建主体非常规行动的认识。或者说，在社会动员、制度安排以及社会资本支持下，这种非常规行动得以生成，成为灾后重建过程中较为重要的行动类型。反思重建历程，我们也更加清楚地认识到，住房重建的非常规行动必须与长效机制进行结合，否则缺少一定的支撑，建构起来的合法性行动必定因为长久未能还贷而导致重建信心丧失，认同度降低等，进而威胁到灾后生活重建与生产恢复秩序，影响社会稳定与祥和文明社区的建构。

---

① 此处价格已含运费，并且由于距离的远近不同，运费价格也不尽相同，但是对于同一村庄来说，运费的价格大致相同，没有较大的差异。

参考文献

[1] 陈文超. 从社会学视角看农民消费的现状与特征[J]. 调研世界，2005(1).

[2] 陈文超. 活路：社会弱势群体成员的生存逻辑[J]. 云南民族大学学报，2008(1).

[3] 邓金. 解释性交往行动主义[M]. 重庆：重庆大学出版社，2004.

[4] 国务院扶贫开发领导小组办公室、贫困村灾后恢复重建规划工作组. 汶川地震贫困村灾后恢复重建总体规划. 2008.

[5] 郭于华. "弱者的武器"与"隐藏的文本"[J]. 读书，2002(7).

[6] 黄宗智. 长江三角洲小农家庭与乡村发展[M]. 北京：中华书局，2000.

[7] 黄宗智. 认识中国——走向从实践出发的社会科学[J]. 中国社会科学，2005(1).

[8] 四川省扶贫开发办公室贫困村灾后重建规划组. 四川省利州区三堆镇马口村灾后重建村级规划[2008—2010]. 2008.

[9] 翟学伟. 中国人行动的逻辑[M]. 北京：社会科学文献出版社，2002.

[10] 郑杭生，杨敏. 社会学理论体系的构建与拓展——简析个人与社会的关系问题在社会学理论研究中的意义[J]. 社会学研究，2004(2).

[11] 郑杭生. 郑杭生社会学学术历程[M]. 北京：中国人民大学出版社，2005.

[12] 郑杭生. 灾后重建要把民生放在更突出的位置[J]. 求是，2008(15).

[13] 张兆曙. 非常规行动与社会变迁：一个社会学的新概念与新论题[J]. 社会学研究，2008(3).

[14] 温家宝. 政府工作报告——2009 年 3 月 5 日在第十一届全国人民代表大会第二次会议上[R]. 2009.

[15] [英]安东尼·吉登斯. 社会的构成[M]. 李康，李猛，译. 北京：三联书店，1998.

[16] [法]布迪厄，华康德. 实践与反思——反思社会学理论导引

[M]. 北京：中央编译出版社，1998.

[17] [英]安东尼·吉登斯. 民族—国家与暴力[M]. 北京：三联书店，1998.

[18] [德]马克斯·韦伯. 经济与社会[M]. 北京：商务印书馆，1998.

[19] [德]马克斯·韦伯. 社会科学方法论[M]. 北京：华夏出版社，1999.

[20] [美]马斯洛. 动机与人格[M]. 北京：华夏出版社，1987.

[21] [美]帕森斯. 社会行动的结构[M]. 张明德，夏遇南，彭刚，译. 南京：译林出版社，2003.

[22] [法]布迪厄. 实践感[M]. 蒋梓骅，译. 南京：译林出版社，2003.

[23] Alexander L. Action and its environments[M]. New York：Columbia University Press,1988.

[24] Giddens. Modernity and self identity：self and society in the late modern age[M]. Cambridge：Polity Press,1990.

[25] Harbermas. The philosophical discourse of modernity[M]. Boston：MIT Press,1988.

[26] Pareto V.. Sociology writings[M]. London：Pall Mall,1966.

后 记

近几年，中国经历了汶川地震、玉树地震、西南旱灾等重大自然灾害，人民生命财产、生计渠道、社会生活和心理世界在灾害中遭遇重大打击。实践表明，灾害与贫困具有高度关联性，自然灾害是农村人口致贫返贫的主要原因之一，如何搞好灾害风险管理是全球气候变化背景下中国扶贫开发战略乃至整个公共治理体系中一项亟待回应的重大挑战。与此同时，在抗灾救灾、灾后重建与扶贫开发相结合的宏伟实践中，中国文化传统、政治体制、社会动员机制、经济发展模式所具有的独特性和优势也引起了国际社会的广泛关注，成为全球灾害风险管理与减贫领域亟待发掘的宝贵资源。

中国国际扶贫中心与联合国开发计划署（UNDP）2011年4月14日至15日联合举办"灾害风险管理与减贫的理论及实践"国际研讨会，研讨交流了汶川地震灾后贫困村恢复重建的经验，并在此基础上就灾害风险管理与减贫的理论命题、实践活动和政策框架进行了广泛深入的研讨，希望藉以促进灾害风险管理与扶贫开发战略、规划和政策体系的结合，促进贫困社区防灾、避灾能力和扶贫开发水平的提高。本书是该研讨会部分论文和交流材料的汇编。

主编对会议论文和交流材料进行了整理和筛选，在尊重作者原意的前提下，对入选文章的体例、语言文字进行了修改。各篇文章的观点均由其作者负责，不代表会议举办和支持机构的立场。文章作者及英文文章的中文译者均在正文中标注。

本书是中国国际扶贫中心和联合国开发计划署（UNDP）合作推出的第二本有关灾害风险管理和扶贫开发的文集。第一本文集《汶川地震灾后贫困村重建：进程与挑战》由社会科学文献出版社2011年1月出版，是2010年相关会议成果的选编。相比较而言，第一本文集侧重于汶川地震灾区贫困村恢复重建经验的总结，第二本侧重于总结基础上的提炼和思考，并希望就后重建时期扶贫开发和可持续发展问题展开延伸

讨论。

　　本书出版得到华中师范大学出版社的大力支持。文字编辑室冯会平女士付出了大量辛勤工作，硕士研究生吴丹协助主编承担了一些编辑和出版事务。借出版之机，特致以衷心感谢。

黄承伟　陆汉文
2011 年 12 月

灾害应对与农村发展

200